Sitzungsberichte der Heidelberger Akademie der Wissenschaften
Mathematisch-naturwissenschaftliche Klasse

Die Jahrgänge bis 1921 einschließlich erschienen im Verlag von Carl Winter, Universitätsbuchhandlung in Heidelberg, die Jahrgänge 1922–1933 im Verlag Walter de Gruyter & Co. in Berlin, die Jahrgänge 1934–1944 bei der Weißschen Universitätsbuchhandlung in Heidelberg. 1945, 1946 und 1947 sind keine Sitzungsberichte erschienen.
Ab Jahrgang 1948 erscheinen die „Sitzungsberichte" im Springer-Verlag.

Inhalt des Jahrgangs 1967/68:

1. E. Freitag. Modulformen zweiten Grades zum rationalen und Gaußschen Zahlkörper. (vergriffen).
2. H. Hirt. Der Differentialmodul eines lokalen Prinzipalrings über einem beliebigen Ring. (vergriffen).
3. H. E. Suess, H. D. Zeh und J. H. D. Jensen. Der Abbau schwerer Kerne bei hohen Temperaturen. Antiquarisch. Preis auf Anfrage.
4. H. Puchelt. Zur Geochemie des Bariums im exogenen Zyklus. (vergriffen).
5. W. Hückel. Die Entwicklung der Hypothese vom nichtklassischen Ion. Antiquarisch. Preis auf Anfrage.

Inhalt des Jahrgangs 1968:

1. A. Dinghas. Verzerrungssätze bei holomorphen Abbildungen von Hauptbereichen automorpher Gruppen mehrerer komplexer Veränderlicher in eine Kähler-Mannigfaltigkeit. Antiquarisch. Preis auf Anfrage.
2. R. Kiehl. Analytische Familien affinoider Algebren. Antiquarisch. Preis auf Anfrage.
3. R. Düren, G.-P. Raabe und Ch. Schlier. Genaue Potentialbestimmung aus Streumessungen: Alkali-Edelgas-Systeme. Antiquarisch. Preis auf Anfrage.
4. E. Rodenwaldt. Leon Battista Alberti – ein Hygieniker der Renaissance. Antiquarisch. Preis auf Anfrage.

Inhalt des Jahrgangs 1969/70:

1. N. Creutzburg und J. Papastamatiou. Die Ethia-Serie des südlichen Mittelkreta und ihre Ophiolithvorkommen. Antiquarisch. Preis auf Anfrage.
2. E. Jammers, M. Bielitz, I. Bender und W. Ebenhöh. Das Heidelberger Programm für die elektronische Datenverarbeitung in der musikwissenschaftlichen Byzantinistik. Antiquarisch. Preis auf Anfrage.
3. M. Knebusch. Grothendieck- und Wittringe von nichtausgearteten symmetrischen Bilinearformen. (vergriffen).
4. W. Rauh und K. Dittmar. Weitere Untersuchungen an Didiereaceen. 3. Teil. Antiquarisch. Preis auf Anfrage.
5. P. J. Beger. Über „Gurkörperchen" der menschlichen Lunge. Antiquarisch. Preis auf Anfrage.

Inhalt des Jahrgangs 1971:

1. E. Letterer. Morphologische Äquivalentbilder immunologischer Vorgänge im Organismus. (vergriffen).
2. J. Herzog und E. Kunz. Die Wertehalbgruppe eines lokalen Rings der Dimension 1. (vergriffen).
3. W. Maier. Aus dem Gebiet der Funktionalgleichungen. Antiquarisch. Preis auf Anfrage.
4. H. Hepp und H. Jensen. Klassische Feldtheorie der polarisierten Kathodenstrahlung und ihre Quantelung. Antiquarisch. Preis auf Anfrage.
5. H. Koppe und H. Jensen. Das Prinzip von d'Alembert in der Klassischen Mechanik und in der Quantentheorie. (vergriffen).
6. W. Doerr. Wandlungen der Krankheitsforschung. (vergriffen).
7. K. Hoppe. Über die spektrale Zerlegung der algebraischen Formen auf der Graßmann-Mannigfaltigkeit. Antiquarisch. Preis auf Anfrage.

Inhalt des Jahrgangs 1972:

1. W. H. H. Petersson. Über Thetareihen zu großen Untergruppen der rationalen Modulgruppe. (vergriffen).

Sitzungsberichte der Heidelberger Akademie der Wissenschaften
Mathematisch-naturwissenschaftliche Klasse
Jahrgang 1982, 3. Abhandlung

Günther Greiner

Spektrum und Asymptotik stark stetiger Halbgruppen positiver Operatoren

Vorgelegt in der Sitzung vom 12. Dezember 1981
von Helmut H. Schaefer

Springer-Verlag Berlin Heidelberg New York 1982

Dr. Günther Greiner
Mathematisches Institut der Universität
Auf der Morgenstelle 10
7400 Tübingen

ISBN-13: 978-3-540-11696-7 e-ISBN-13: 978-3-642-45539-1
DOI: 10.1007/978-3-642-45539-1

Satz: K + V Fotosatz GmbH, Beerfelden
2125/3140-543210

Spektrum und Asymptotik stark stetiger Halbgruppen positiver Operatoren

Das Spektrum stark stetiger Halbgruppen positiver Operatoren auf Banachverbänden, das heißt das Spektrum des zugehörigen Generators, stand im Mittelpunkt einer Arbeit von DERNDINGER [6] und einer früheren Arbeit des Verfassers [8]. Dort wurde gezeigt, daß das Spektrum bzw. Randspektrum solcher Halbgruppen starke Symmetrieeigenschaften bezüglich der reellen Achse aufweist. Das Randspektrum, das heißt die Menge der Spektralwerte mit maximalem Realteil, ist insbesondere deshalb von Interesse, weil es in gewissen Fällen das asymptotische Verhalten der Halbgruppe für große Zeiten bestimmt. So sind positive Halbgruppen auf Räumen C(K) (K kompakt) oder $L^1(X, \mu)$ immer dann exponentiell stabil, wenn das Randspektrum in der offenen linken Halbebene $\{\lambda \in \mathbb{C}: \mathrm{Re}\,\lambda < 0\}$ enthalten ist (siehe [11]). Andererseits liegt exponentielles Wachstum vor, wenn das Randspektrum in der offenen rechten Halbebene enthalten ist. Im Falle, daß das Randspektrum auf der imaginären Achse liegt, erscheint es zunächst, als wären keine allgemein gültigen Aussagen möglich.

In dieser Arbeit werden wir zeigen, daß für gewisse Kontraktionshalbgruppen auf Räumen $L^p(X, \mu)$ $(1 \leqslant p < \infty)$ das Konvergenzverhalten von den Eigenwerten des Randspektrums bestimmt wird (3.8 – 3.11). Dies ist im wesentlichen eine Konsequenz von Theorem 3.7, einem „0-2-Gesetz" für stark stetige Halbgruppen positiver Operatoren. In einem vorangehenden Abschnitt werden die Eigenwerte und zugehörigen Eigenvektoren des Randspektrums stark stetiger Halbgruppen positiver Operatoren systematisch untersucht. Unter anderem wird gezeigt, daß die Menge dieser Eigenwerte additiv zyklisch ist, wenn die Resolvente eine Wachstumsbedingung erfüllt (Theorem 2.5). Im Fall irreduzibler Halbgruppen bildet diese Menge sogar eine Untergruppe von $i\mathbb{R}$ und jeder dieser Eigenwerte ist einfach (Theorem 2.6). Dieses Resultat wird verwendet bei einer ausführlichen Diskussion des Spektrums des linearen Boltzmann-Operators (Beispiel 2.7).

Schließlich wollen wir anmerken, daß der Ausgangspunkt dieser Untersuchungen verschiedene, teils länger bekannte ([22, V.§5], [25]), teils neuere Resultate ([9], [23]) über „diskrete" Operatorhalbgruppen $\{T^n: n \in \mathbb{N}\}$ für einen positiven, linearen Operator T waren. Eine Gegenüberstellung diskreter und kontinuierlicher positiver Operatorhalbgruppen findet man in SCHAEFERS Übersichtsvortrag [24], in dem auch ein Teil der hier bewiesenen Ergebnisse angekündigt worden ist.

1. Vorbemerkungen und Hilfsmittel

In dieser Arbeit ist E stets ein komplexer Banachverband im Sinne von [22, II.§11], also $E = E_{\mathbb{R}} + iE_{\mathbb{R}}$ für einen geeigneten reellen Banachverband $E_{\mathbb{R}}$. In [22] findet man auch die genauen Definitionen der folgenden, nicht näher erklärten Begriffe: positiver Operator – Verbandshomomorphismus – (Verbands-)-Ideal – Hauptideal – quasi-innerer Punkt – strikt positive Linearform. Unter einer *positiven Halbgruppe* auf E verstehen wir eine Familie $\{T(t): t \in \mathbb{R}, t \geqslant 0\}$ beschränkter, linearer Operatoren auf E mit folgenden Eigenschaften:

(i) $T(0) = Id_E$, $T(t + s) = T(t)T(s)$ für $s, t \in \mathbb{R}_+ := \{t \in \mathbb{R}: t \geqslant 0\}$.
(ii) Für jedes $x \in E$ ist die Abbildung $T(.)x: \mathbb{R}_+ \to E$, $t \mapsto T(t)x$ stetig.
(iii) Jeder Operator $T(t)$ $(t \in \mathbb{R}_+)$ ist positiv.

Objekte, die die Bedingungen (i) und (ii) erfüllen, nennt man im allgemeinen stark stetige Halbgruppen oder C_0-Halbgruppen. Eine ausführliche Diskussion dieser Operatorhalbgruppen findet man in [5] und [14]. Der *Generator* der positiven Halbgruppe $\{T(t)\}$ wird stets mit A bezeichnet. Es ist ein abgeschlossener, dicht definierter Operator (vgl. [5, 1.1 – 1.5]) mit Definitionsbereich

$$D(A) := \{x \in E: \lim_{t\to 0} t^{-1}(T(t)x - x) \text{ existiert}\}, \quad \text{definiert durch}$$

$$Ax := \lim_{t\to 0} t^{-1}(T(t)x - x).$$

Das *Spektrum der Halbgruppe* $\{T(t)\}$ ist das Spektrum des zugehörigen Generators, das heißt, die Menge

$$\sigma(A) = \{\lambda \in \mathbb{C}: (\lambda - A): D(A) \to E \text{ ist nicht bijektiv}\}.$$

Die *Resolventenmenge* $\rho(A) := \mathbb{C}\backslash\sigma(A)$ ist eine offene Teilmenge von $\mathbb{C}$ und die Funktion

$$R(., A): \rho(A) \to \mathscr{L}(E),\ \lambda \mapsto R(\lambda, A) := (\lambda - A)^{-1}$$

heißt *Resolvente der Halbgruppe.* Diese erfüllt die Resolventengleichung:

$$R(\lambda, A) - R(\mu, A) = -(\lambda - \mu)R(\lambda, A)R(\mu, A)\ (\lambda, \mu \in \rho(A)).$$

Das *Punktspektrum der Halbgruppe* ist die Menge der Eigenwerte des zugehörigen Generators, also

$$P\sigma(A) := \{\lambda \in \mathbb{C}: \text{es gibt } x \in D(A),\ x \neq 0 \text{ mit } Ax = \lambda x\}.$$

Die Beziehungen zwischen dem Spektrum der Halbgruppe und den Spektren der einzelnen Operatoren bzw. dem Spektrum eines Operators der Resolvente sind in dem folgenden Satz zusammengestellt.

1.1 Proposition. $\{T(t)\}$ sei eine positive Halbgruppe, A der zugehörige Generator, $s > 0$ und $\lambda_0 \in \rho(A)$.

(a) $\sigma(T(s))\backslash\{0\} \supseteq \exp(s\,\sigma(A))$, $\quad P\sigma(T(s))\backslash\{0\} = \exp(s\,P\sigma(A))$.

(b) $\ker A = \bigcap_{t \geq 0} \ker(1 - T(t)), \quad \ker(1 - T(s)) = \overline{\text{lin}} \bigcap_{k \in \mathbb{Z}} \ker(2\pi i k s^{-1} - A).$

(c) $\sigma(R(\lambda_0, A)) = (\lambda_0 - \sigma(A))^{-1}, P\sigma(R(\lambda_0, A)) = (\lambda_0 - P\sigma(A))^{-1}$ sowie $\ker(\mu - A) = \ker((\lambda_0 - \mu)^{-1} - R(\lambda_0, A))$ für $\mu \in P\sigma(A)$.

Die Aussagen (a) und (b) sind in ([14, 16.7]) bewiesen. (c) ist eine einfache Folgerung aus der Resolventengleichung.

Ist $\{T(t)\}$ eine positive Halbgruppe, A der zugehörige Generator, dann gibt es reelle Zahlen $\omega \in \mathbb{R}$, $M \geq 1$, so daß $\|T(t)\| \leq Me^{\omega t}$ für alle $t \in \mathbb{R}_+$ ([5, 1.18]). Wir bezeichnen mit ω_0 das Infimum all dieser Zahlen $\omega \in \mathbb{R}$ und nennen diese Größe *Wachstumsschranke*. Für diese gilt (vgl. [5, 1.22]):

$$\omega_0 = \inf_{t>0}\{t^{-1}\log\|T(t)\|\} = \lim_{t\to\infty} t^{-1}\log\|T(t)\|.$$

Für den *Spektralradius* des Operators $T(t)$ gilt dann: $r(T(t)) = \exp(t\omega_0)$. Das Spektrum der Halbgruppe ist in der linken Halbebene $\{\lambda \in \mathbb{C}: \operatorname{Re}\lambda \leq \omega_0\}$ enthalten [5, 2.8]. Die Größe $s(A) := \sup\{\operatorname{Re}\lambda: \lambda \in \sigma(A)\}$ heißt *Spektralschranke* und man erhält $-\infty \leq s(A) \leq \omega_0 < \infty$. In vielen Fällen sind Spektral- und Wachstumsschranke identisch, doch gibt es positive Halbgruppen mit $s(A) < \omega_0$ (vgl. [10]). Die Menge $\{\lambda \in \sigma(A): \operatorname{Re}\lambda = s(A)\}$ heißt *Randspektrum* der Halbgruppe. Unter gewissen Voraussetzungen ist das Randspektrum positiver Halbgruppen *additiv zyklisch*, d. h., mit $s(A) + i\alpha\ (\alpha \in \mathbb{R})$ liegen auch alle Punkte $s(A) + ik\alpha$ $(k \in \mathbb{Z})$ im Randspektrum (siehe [6, 2.4], [8, 2.4]). In der Halbebene $\{\lambda \in \mathbb{C}: \operatorname{Re}\lambda > s(A)\}$ ist die Resolvente die Laplace-Transformierte der Halbgruppe. Dies ist die wichtigste Aussage des folgenden Satzes.

1.2 Proposition. $\{T(t)\}$ sei eine positive Halbgruppe auf einem Banachverband E und A sei der zugehörige Generator.

(a) Ist $\lambda \in \mathbb{C}$ und $\operatorname{Re}\lambda > s(A)$, dann existiert $\lim_{r\to\infty}\int_0^r e^{-\lambda s}T(s)x\,ds$ für jedes $x \in E$ und es gilt: $R(\lambda, A)x = \int_0^\infty e^{-\lambda s}T(s)x\,ds := \lim_{r\to\infty}\int_0^r e^{-\lambda s}T(s)x\,ds.$

(b) $|R(\lambda, A)x| \leq R(\operatorname{Re}\lambda, A)|x|$ für alle $x \in E$, $\lambda \in \mathbb{C}$, $\operatorname{Re}\lambda > s(A)$.

(c) Ist $\sigma(A) \neq \emptyset$, so gilt $s(A) \in \sigma(A)$.

Aussage (a) ist in allgemeiner Form in [10, 3.3] bewiesen. (b) und (c) sind einfache Folgerungen aus (a) (siehe auch [8, 3.4]).

Das von einem Element $x \in E$ erzeugte Hauptideal $E_{|x|} = \{y \in E: |y| \leq n|x|$ für ein $n \in \mathbb{N}\}$ ist ein AM-Raum mit Einheit und somit isomorph zu einem Raum $C(K_x)$ (K_x kompakt) [22, II.7.2 Cor., II.7.4]. Dem Element $x \in E_{|x|}$ entspricht eine stetige, unimodulare Funktion $\hat{x}$ auf dem Kompaktum K_x. Die Multiplikation mit dieser Funktion definiert eine lineare Bijektion $M_{\hat{x}}$ auf $C(K_x)$. Aus $|M_{\hat{x}} f| = |f|$ ($f \in C(K_x)$) folgt $\|M_{\hat{x}} f\| = \|f\|$ für jede Verbandsnorm auf $C(K_x)$, insbesondere für die von E induzierte Norm. Die $M_{\hat{x}}$ entsprechende Abbildung auf $E_{|x|}$, bzw. deren stetige Fortsetzung auf $\overline{E_{|x|}}$ wird mit M_x bezeichnet, es ist eine surjektive Isometrie von $\overline{E_{|x|}}$ auf $\overline{E_{|x|}}$. Wir definieren nun

$$x^{(n)} := M_x^n(|x|) \; (x \in E, n \in \mathbb{Z}).$$

Ist $|x|$ ein quasi-innerer Punkt (d. h.: $\overline{E_{|x|}} = E$), dann ist M_x ein stetiger, invertierbarer Operator auf E. Näheres zu den eben eingeführten Begriffen findet man in [8, S. 407]. Für diese Arbeit ist das folgende Resultat von grundlegender Bedeutung (vgl. [8, 1.14]).

1.3 Proposition. $\{T(t)\}$ sei eine positive Halbgruppe auf dem Banachverband E mit $s(A) = 0$ und für ein $u \in E$, $\alpha \in \mathbb{R}$ sei $Au = i\alpha u$ sowie $A|u| = 0$.

(a) $Au^{(n)} = ik\alpha u^{(n)}$ für alle $n \in \mathbb{Z}$.

(b) Ist $|u|$ ein quasi-innerer Punkt von E_+, so gilt $M_u(D(A)) \subseteq D(A)$ und $A = M_u^{-1}(A + i\alpha)M_u$.

2. Eigenwerte und Eigenvektoren des Randspektrums

Gegenstand dieses Abschnittes sind diejenigen Eigenwerte des Generators einer positiven Halbgruppe, die maximalen Realteil haben, sowie die dazugehörigen Eigenvektoren. Zunächst untersuchen wir die Beziehungen zu entsprechenden Eigenwerten bzw. Eigenvektoren der Operatoren der Halbgruppe. Ist A Generator der stark stetigen Halbgruppe $\{T(t)\}$ und λ ein Eigenwert von A, x ein zugehöriger Eigenvektor, so gilt $T(t)x = e^{\lambda t}x$, das heißt, x ist ein Eigenvektor von $T(t)$ zum Eigenwert $e^{\lambda t}$ (1.1(b)). Schlüsse in umgekehrter Richtung sind im allgemeinen nicht möglich. Zwar gilt für das Punktspektrum der „Spektrale Abbildungssatz" $P\sigma(T(t))\backslash\{0\} = \exp(tP\sigma(A))$ (vgl. 1.1(a)), doch da die Exponentialfunktion mehrdeutig ist, kann man daraus nur Existenzaussagen ableiten. Ist beispielsweise 1 ein Eigenwert von $T(t_0)$ (d. h., der Operator $T(t_0)$ hat einen Fixpunkt), so folgt, daß eine der Zahlen $2\pi i n t_0^{-1}$ ($n \in \mathbb{Z}$) ein Eigenwert von A ist. Im allgemeinen kann man nicht folgern, daß 0 ein Eigenwert von A ist (d. h., daß die Halbgruppe einen Fixpunkt besitzt). Im Falle positiver Halbgruppen sind solche Aussagen möglich, wie die folgenden Sätze zeigen.

2.1 Proposition. $\{T(t)\}$ sei eine positive Halbgruppe auf einem Banachverband.

(a) Besitzt ein Operator $T(s)$ ($s > 0$) einen positiven (quasi-inneren) Fixvektor, dann besitzt die Halbgruppe $\{T(t)\}$ positive (quasi-innere) Fixvektoren.

(b) Gibt es für ein $s > 0$ eine (strikt) positive, $T(s)$-invariante Linearform, dann existieren (strikt) positive, $\{T(t)\}$-invariante Linearformen.

Beweis. (a) Es gelte $T(s)x = x$, wobei $x > 0$. Nun gibt es ein $x' \in E'_+$, so daß $\langle x, x' \rangle > 0$. Daraus folgt $\langle \int_0^s T(t)x\,dt, x' \rangle = \int_0^s \langle T(t)x, x' \rangle\,dt > 0$, insbesondere ist $y := \int_0^s T(t)x\,dt > 0$. Für $r \in \mathbb{R}$ mit $0 \leqslant r \leqslant s$ gilt $T(r)y = \int_0^s T(r+t)x\,dt = \int_r^s T(t)x\,dt$ $+ \int_s^{s+r} T(t-s)T(s)x\,dt = \int_r^s T(t)x\,dt + \int_0^r T(t)x\,dt = \int_0^s T(t)x\,dt = y$.

Ist $r \in \mathbb{R}_+$ beliebig, und $n \in \mathbb{N}$ so gewählt, daß $r < ns$, dann folgt $T(r)y = T(\frac{r}{n})^n y = y$. Damit ist y ein positiver Fixvektor der Halbgruppe. Ist x ein quasi-innerer Punkt, so folgt aus [22, II.6.3, (a) ⇔ (c)], daß auch y ein solcher ist.

(b) Ist $x' \in E'_+$, $x' \neq 0$ und gilt $T(s)'x' = x'$, dann definiert man $y' \in E'$ wie folgt: $\langle x, y' \rangle := \int_0^s \langle T(t)x, x' \rangle dt$ $(x \in E)$. Ähnlich wie in (a) folgert man $y' > 0$ und $T(r)'y' = y'$ für alle $r \in \mathbb{R}_+$. Daß y' strikt positiv ist, falls x' diese Eigenschaft besitzt, folgt unmittelbar. Q.E.D.

Für positive Halbgruppen auf $C(K)$ (K kompakt) gilt stets $\omega_0 > -\infty$. Denn aus Stetigkeitsgründen gilt für ein geeignetes $\varepsilon > 0$: $T(\varepsilon)\, \mathbb{1}_K \geqslant \frac{1}{2}\, \mathbb{1}_K$, also $e^{\omega_0 \varepsilon} = r(T(\varepsilon)) \geqslant \frac{1}{2}$. Damit ist das folgende Korollar eine unmittelbare Folgerung von 2.1(b) und des Satzes von Krein-Rutman [21, App. 2.6. Cor.].

2.2 Korollar. Ist K kompakt und $\{T(t)\}$ eine positive Halbgruppe auf $C(K)$, dann gibt es eine positive Linearform μ mit $T(t)'\mu = e^{\omega_0 t}\mu$ für alle $t \in \mathbb{R}_+$.

Bevor wir den nächsten Satz formulieren, sei daran erinnert, daß der Kern des Generators und der Fixraum der Halbgruppe identisch sind (1.1(b)).

2.3 Proposition. $\{T(t)\}$ sei eine positive Halbgruppe auf dem Banachverband E und für ein $s > 0$ sei $\ker(1 - T(s))$ endlichdimensional. Jede der folgenden Bedingungen impliziert $\ker A = \ker(1 - T(s))$.

(a) $\ker(1 - T(s)) = \{\lambda x : \lambda \in \mathbb{C}\}$ für ein $x > 0$.
(b) Der Operator $T(s)$ ist mittelergodisch.
(c) $T(s)$ ist ein Verbandshomomorphismus.
(d) Es gibt eine strikt positive, $T(s)$-invariante Linearform.
(e) Die Halbgruppe ist beschränkt und E ist ein Band in seinem Bidual.
(f) $1 = r(T(s))$ ist ein Pol der Resolvente von $T(s)$.

Anmerkung zu (e). Ein Banachverband ist genau dann ein Band in seinem Bidual, wenn die folgende Bedingung erfüllt ist [22, II.5]: Jede nach oben gerichtete, normbeschränkte Familie in E konvergiert in der Norm.

Diese Eigenschaft besitzen alle reflexiven Banachverbände, sowie die Räume $L^1(X, \mu)$.

Beweis von 2.3. Kann man zeigen, daß $\ker(1 - T(s))$ ein Vektorverband ist, dann ergibt sich die Behauptung wie folgt: Die Einschränkung $\{T(t)\}_{|\ker(1-T(s))}$ ist eine positive, periodische Halbgruppe auf einem endlichdimensionalen Banachverband, also nach [8, 1.9] trivial.

Die Bedingungen (a), (c) und (d) implizieren, daß $\ker(1 - T(s))$ ein Unterverband von E ist.

Im Fall (b) ist $\ker(1 - T(s))$ das Bild einer positiven Projektion, also nach [22, III.11.5] ein Vektorverband (nicht notwendig ein Unterverband von E!).

Nun nehmen wir an, daß (e) erfüllt ist. Setzt man $F := \ker(1 - T(s))$, dann liegt mit x auch der konjugierte Vektor $\bar{x}$ in F, somit gilt $F = F \cap E_{\mathbb{R}} + i(F \cap E_{\mathbb{R}})$. Ist nun $x \in F_{\mathbb{R}} := F \cap E_{\mathbb{R}}$, dann folgt aus $T(s)x = x$: $|x| \leqslant T(s)|x|$. Wiederholtes Anwenden von T(s) auf diese Ungleichung ergibt $|x| \leqslant T(s)|x| \leqslant T(s)^2|x| \leqslant \ldots \leqslant T(s)^n|x| \leqslant \ldots$, das heißt, die Folge $(T(s)^n|x|)$ ist nach oben gerichtet. Da sie durch $\|x\|\sup\{\|T(t)\|: t \in \mathbb{R}_+\}$ beschränkt ist, existiert $y := \lim_{n\to\infty} T(s)^n|x|$. Es gilt $T(s)y = \lim T(s)^{n+1}|x| = y$, das heißt $y \in F$, und es ist klar, daß y das in F gebildete Supremum von x und $-x$ ist.

Im Fall (f) muß man einen anderen Weg gehen: Aus der Voraussetzung folgt, daß $s(A) = 0$ ein Pol der Resolvente von A ist und daß das zugehörige Residuum endlichen Rang hat [8, 1.10]. Damit kann man [8, 2.5] anwenden. Da 1 in $\sigma(T(s))$ isoliert ist und da $\ker(1 - T(s))$ endlich dimensional ist, erhält man $\sigma(A) \cap i\mathbb{R} = \{0\}$. Die Behauptung folgt nun aus (1.1(b)). Q.E.D.

Auf Halbgruppen, die die Voraussetzungen des folgenden Korollars erfüllen, stößt man beispielsweise bei der Behandlung von linearen Funktionaldifferentialgleichungen (vgl. [12, Chapt. 7]) und bei der linearen Transportgleichung [15, § 2]. Aus dem Beweis ist ersichtlich, daß die Aussage richtig bleibt, wenn man „kompakt" durch „quasi-kompakt" ersetzt (vgl. [7, VIII.8.3]).

2.4 Korollar. $\{T(t)\}$ sei eine positive Halbgruppe mit Wachstumsschranke $\omega_0 = 0$, A sei der zugehörige Generator und für ein t_0 sei $T(t_0)$ ein kompakter Operator. Dann ist $\ker A = \ker(1 - T(t))$ für alle $t > 0$. Insbesondere ist 1 ein dominanter Eigenwert eines jeden Operators T(t).

Beweis. Zu $t > 0$ gibt es ein $n \in \mathbb{N}$ mit $nt \geqslant t_0$. Da $T(n \cdot t) = T(t_0)T(nt - t_0)$ kompakt ist, folgt aus 2.3(f): $\ker A \subseteq \ker(1 - T(t)) \subseteq \ker(1 - T(nT)) = \ker A$. Q.E.D.

In [8, 2.4] wurde gezeigt, daß in vielen Fällen das Randspektrum positiver Halbgruppen *additiv zyklisch* ist (d. h., $s(A) + i\alpha \in \sigma(A)$ $(\alpha \in \mathbb{R})$ impliziert $s(A) + in\alpha \in \sigma(A)$ für alle $n \in \mathbb{Z}$). Im folgenden Theorem wird diese Aussage für die Eigenwerte des Randspektrums bewiesen. Insbesondere folgt, daß unter den Voraussetzungen des Theorems immer dann unendlich viele Eigenwerte mit maximalem Realteil existieren, wenn es einen Eigenwert λ gibt mit $\operatorname{Re}\lambda = s(A)$ und $\lambda \neq s(A)$. Die analoge Aussage für Halbgruppen $\{T^n: n \in \mathbb{N}\}$ wurde von SCHEFFOLD bewiesen [25]. Nähere Erläuterungen zu den Voraussetzungen des Theorems findet man in der Anmerkung zu Prop. 2.3 und in [8, 2.3].

2.5 Theorem. $\{T(t)\}$ sei eine positive Halbgruppe auf dem Banachverband E mit Generator A. Ist E ein Band in seinem Bidual und gilt $\sup\{\|(\mu - s(A))R(\mu, A)\|: \mu > s(A)\} < \infty$, dann ist die Menge $\{\lambda \in P\sigma(A): \operatorname{Re}\lambda = s(A)\}$ additiv zyklisch.

Beweis. Wir können o.B.d.A. $s(A) = 0$ annehmen. Zu beweisen ist, daß aus $i\alpha \in P\sigma(A) \cap i\mathbb{R}$, $k \in \mathbb{Z}$ stets $ik\alpha \in P\sigma(A)$ folgt. Letzteres ist gleichwertig mit $1 \in P\sigma(\mu R(\mu + ik\alpha, A))$ für $\mu > 0$ (1.1 (c)).

Aus $Ax = i\alpha x$ folgt $T(t)x = e^{i\alpha t}x$ $(t \geqslant 0)$ und daraus $|x| = |T(t)x| \leqslant T(t)|x| = T(t)|T(s)x| \leqslant T(t+s)|x|$. Das heißt, das Netz $\{T(t)|x|\}_{t\geqslant 0}$ ist monoton wachsend. Ist nun $M := \sup\{\|\mu R(\mu, A)\|: 0 < \mu < 1\}$, dann gilt für $r > 0$: $R(\mu, A)|x| = \int_0^\infty e^{-\mu s}T(s)|x|\,ds \geqslant \int_r^\infty e^{-\mu s}T(r)|x|\,ds = \frac{1}{\mu}e^{-\mu r}T(r)|x|$ und man erhält $\|e^{-\mu r}T(r)|x|\| \leqslant \|\mu R(\mu, A)|x|\| \leqslant M\|x\|$.

Da diese Abschätzung für alle $\mu \in (0,1)$ richtig ist, folgt $\|T(r)|x|\| \leqslant M\|x\|$, und da E ein Band in E'' ist, existiert $z := \lim_{t\to\infty} T(t)|x|$ (vgl. Anm. zu 2.3). Es gilt $T(t)z = z$ für alle $t \geqslant 0$ und $|x| \leqslant z$. Für die Resolvente $\{R(\lambda, A)\}_{\lambda\in D}$ $(D := \{\lambda \in \mathbb{C}: \operatorname{Re}\lambda > 0\})$ bedeutet dies

$$\lambda R(\lambda + i\alpha, A)x = x \quad (\lambda \in D)$$
$$\lambda R(\lambda, A)z = z \quad (\lambda \in D)$$
$$|x| \leqslant z.$$

Wegen 1.2(b) und der zweiten Gleichung induziert $\{R(\lambda, A)'\}_{\lambda\in D}$ eine Pseudoresolvente $\{\hat{R}(\lambda)\}_{\lambda\in D}$ auf dem AL-Raum (E', z) (vgl. [22, II.8 Ex. 1] und [8, S. 405]). Es gilt

(1) $|\hat{R}(\mu + i\nu)\hat{x}| \leqslant \hat{R}(\mu)|\hat{x}|$ $(\mu > 0, \nu \in \mathbb{R}, \hat{x} \in (E', z))$;
(2) $\|\mu\hat{R}(\mu + i\nu)\| \leqslant 1$ $(\mu > 0, \nu \in \mathbb{R})$;
(3) es gibt ein $\hat{y} \in (E', z)$, so daß $\mu\hat{R}(\mu + ik\alpha)\hat{y}^{(k)} = \hat{y}^{(k)}$ $(\mu > 0, k \in \mathbb{Z})$.

Aussage (1) folgt aus der entsprechenden Eigenschaft von $\{R(\lambda, A)\}_{\lambda\in D}$ (vgl. 1.2(b)), und (2) ergibt sich dann aus $\mu R(\mu, A)z = z$ $(\mu > 0)$.

Nun zur dritten Behauptung. Wegen 1.2(b) und $\sup\{\|\mu R(\mu, A)\|: \mu > s(A)\} < \infty$ ist $\{\mu R(\mu + i\alpha, A)'x': 0 < \mu < 1\}$ in E' beschränkt für jedes $x' \in E'$. Wählt man ein x' mit $\langle x, x'\rangle \neq 0$ und einen gegen 0 konvergenten Ultrafilter $\mathscr{U}$ auf (0,1), dann existiert $y' := \mathscr{U}\text{-}\lim \mu R(\mu + i\alpha, A)'x'$ (bzgl. $\sigma(E', E)$) und aus der Resolventengleichung folgt $\lambda R(\lambda + i\alpha, A)'y'$. Außerdem gilt $\langle z, |y'|\rangle \geqslant |\langle x, y'\rangle| = \lim|\langle \mu R(\mu + i\alpha, A)x, x'\rangle| = |\langle x, x'\rangle| > 0$. Damit gilt für das kanonische Bild $\hat{y}$ von y' in (E', z): $\hat{y} \neq 0$ und $\mu\hat{R}(\mu + i\alpha)\hat{y} = \hat{y}$ $(\mu > 0)$. Aus (1) folgt $\mu\hat{R}(\mu)|\hat{y}| \leqslant |y|$, daraus $\|\,\mu\hat{R}(\mu)\,|\hat{y}| - |\hat{y}|\,\| = \langle \mu\hat{R}(\mu)\,|\hat{y}| - |\hat{y}|, z\rangle = 0$ und man erhält $\mu\hat{R}(\mu)|\hat{y}| = |\hat{y}|$. Die Bedingung (3) ergibt sich nun aus [8, 1.7].

Wählt man zu $k \in \mathbb{Z}$ ein $\psi_k \in (E', z)'$ mit $\langle y^{(k)}, \psi_k\rangle \neq 0$ und einen gegen 0 konvergenten $\mathscr{U}$ Ultrafilter, dann existiert wegen (2): $\varphi_k := \mathscr{U}\text{-}\lim \mu\hat{R}(\mu + ik\alpha)'\varphi_k$.

Es gilt $\langle y^{(k)}, \varphi_k\rangle = \langle y^{(k)}, \psi_k\rangle$, insbesondere ist φ_k ungleich Null und $\lambda\hat{R}(\lambda + ik\alpha)'\varphi_k = \varphi_k$ $(\lambda \in D, k \in \mathbb{Z})$.

Die Behauptung des Theorems ergibt sich nun aus der folgenden Überlegung: Bekanntlich ist $(E', z)'$ isomorph zu E_z'' [22, IV. Excer. 9] und unter dieser Identifikation entspricht dem Operator $\hat{R}(\lambda)'$ die Einschränkung von $R(\lambda, A)''$ auf E_z''. Da E ein Band in E'' ist, gilt $E_z'' = E_z$ und somit $\hat{R}(\lambda)' = R(\lambda, A)_{|E_z}$. Damit sind die Elemente φ_k Fixvektoren von $\mu R(\mu + ik\alpha, A)$ und dies war, wie eingangs erwähnt, nachzuweisen. Q.E.D.

Der Beweis dieses Theorems vereinfacht sich wesentlich, wenn man zeigen kann, daß $\ker(1 - T(t))$ $(t > 0)$ unter der von E induzierten Ordnung und einer äquivalenten Norm ein Banachverband ist. Dies ist beispielsweise unter der stärkeren Voraussetzung „E ist ein Band in seinem Bidual und $\sup\{\|T(t)\|: t \geq 0\} < \infty$" erfüllt (vgl. Beweis von 2.3(e)).

In diesem Fall kann man wie folgt schließen: Ist $i\alpha \in P\sigma(A) \cap i\mathbb{R}$ und setzt man $F := \ker(1 - T(\frac{2\pi}{\alpha}))$, dann ist $\{T(t)\}_{|F}$ eine positive, periodische Halbgruppe, in deren Punktspektrum $i\alpha$ liegt. Da positive, periodische Halbgruppen Verbandshalbgruppen sind, folgt $i\alpha\mathbb{Z} \subseteq P\sigma(A)$ (vgl. [6, 2.2]).

Diese Überlegungen zeigen, daß das Punktspektrum auch dann additiv zyklisch ist, wenn E beliebig, aber jeder Operator T(t) mittelergodisch ist. In diesem Fall ist $\ker(1 - T(t))$ das Bild einer positiven Projektion und somit ein Banachverband [22, III.11.5].

Der zweite Hauptsatz beschreibt die Menge der Eigenwerte im Randspektrum positiver, irreduzibler Halbgruppen und macht Aussagen über die zugehörigen Eigenvektoren. Dabei heißt eine positive Halbgruppe $\{T(t)\}$ *irreduzibel*, wenn es kein abgeschlossenes, $\{T(t)\}$-invariantes Verbandsideal I mit $\{0\} \subsetneqq I \subsetneqq E$ gibt [22, III.§8]. Das diskrete Analogon dieses Satzes wurde von SCHAEFER bewiesen [22, V.5.2]. Bevor wir das Theorem formulieren, muß ein weiterer Begriff erläutert werden: Eine lokalkompakte, abelsche Gruppe heißt *solenoidal,* falls es einen stetigen Gruppenhomomorphismus $\varkappa: \mathbb{R} \to G$ gibt, dessen Bild in G dicht liegt. Wir sagen dann „$(G, \varkappa)$ ist solenoidal".

Definiert man für $t \in \mathbb{R}$, $f \in E := C^b(G)$ oder $L^p(G)$ $R_\varkappa(t)f(g) := f(g + \varkappa(t))$ $(g \in G)$, dann ist $R_\varkappa(t)$ ein Verbandsisomorphismus. $\{R_\varkappa(t)\}_{t\geq 0}$ ist eine positive Halbgruppe auf $L^p(G)$ $(1 \leq p < \infty)$ und falls G kompakt ist, auch auf $C(G)$.

Beispiele solenoidaler Gruppen sind die Kreisgruppe $\Gamma := \{z \in \mathbb{C}: |z| = 1\}$ und die Tori Γ^n $(n \in \mathbb{N})$.

Allgemein gilt für eine kompakte, abelsche Gruppe G: G ist dann und nur dann solenoidal, wenn die duale Gruppe $\hat{G}$ eine Untergruppe von $\mathbb{R}_d$ ist [4, II.2. Exc.10].

2.6 Theorem. Es sei $\{T(t)\}$ eine irreduzible, positive Halbgruppe mit $s(A) = 0$ und es gebe eine $\{T(t)\}$-invariante positive Linearform $0 < \varphi \in E'$.

Ist $P\sigma(A) \cap i\mathbb{R} \neq \emptyset$, dann gilt:

(a) Der Fixraum der Halbgruppe ist eindimensional und wird von einem quasi-inneren Punkt aufgespannt.

(b) Ist λ Eigenwert eines Operators $T(s)$ mit einem positiven Eigenvektor, dann ist $\lambda = 1$.

(c) Für jeden Vektor $x \neq 0$, der $Ax = i\alpha x$ ($\alpha \in \mathbb{R}$) genügt, ist $|x|$ ein quasi-innerer Punkt von E_+, $M_x(D(A)) \subseteq D(A)$ und $A = M_x^{-1}(A + i\alpha)M_x$. Insbesondere gilt: $P\sigma(A) \cap i\mathbb{R}$ ist eine Gruppe; $\sigma(A) + (P\sigma(A) \cap i\mathbb{R}) = \sigma(A)$; jedes Element von $P\sigma(A) \cap i\mathbb{R}$ ist einfacher Eigenwert.

(d) Gilt zusätzlich $\sup\{\|T(t)\| : t > 0\} < \infty$, dann ist $E_0 := \overline{\mathrm{lin}}\{x \in D(A)$: es gibt $\alpha \in \mathbb{R}$, so daß $Ax = i\alpha x\}$ ein abgeschlossener, $\{T(t)\}$-invarianter Unterverband von E. Es existieren eine kompakte, solenoidale Gruppe $(G, \varkappa)$ und injektive Verbandshomomorphismen mit dichtem Bild i, j, so daß das folgende Diagramm kommutiert und $j \circ i$ die Inklusion $C(G) \subseteq L^1(G)$ ist.

$$\begin{array}{ccccc} C(G) & \xrightarrow{i} & E_0 & \xrightarrow{j} & L^1(G) \\ {\scriptstyle R_\varkappa(t)}\downarrow & & \downarrow{\scriptstyle T(t)} & & \downarrow{\scriptstyle R_\varkappa(t)} \\ C(G) & \xrightarrow{i} & E_0 & \xrightarrow{j} & L^1(G) \end{array}$$

Anmerkungen zu 2.6. Ist $P\sigma(A) \cap i\mathbb{R} \neq \emptyset$ und gilt $\sup\{\|\mu R(\mu, A)\| : \mu > 0\} < \infty$, dann gibt es ein $0 < \varphi \in E'$ mit $T(t)'\varphi = \varphi$ für alle $t > 0$.

Ist $E = C(K)$ (K kompakt) und $s(A) = \omega_0 = 0$, dann gibt es positive, $\{T(t)\}$-invariante Linearformen (2.2). Für Halbgruppen von Markoffoperatoren auf C(K) siehe auch [5, 7.31].

Ist $s(A)$ ein Pol der Resolvente, dann gibt es $0 < x \in E$, $0 < x' \in E'$, so daß $T(t)x = x$, $T(t)'x' = x'$ für alle $t > 0$. Dies ist insbesondere dann erfüllt, wenn für ein $s > 0$ die Resolvente von $T(s)$ in 1 einen Pol besitzt [8, 1.10(c)].

Beweis von 2.6. Da $\{x \in E : \langle |x|, \varphi \rangle = 0\}$ ein $\{T(t)\}$-invariantes Ideal ist, folgt aus der Irreduzibilität, daß φ eine strikt positive Linearform ist. Aus $Ax = i\alpha x$ ($\alpha \in \mathbb{R}$, $x \neq 0$) folgt $T(t)x = e^{i\alpha t}x$ ($t \geq 0$) und daraus $T(t)|x| \geq |x|$ ($t \geq 0$). Aus $\langle T(t)|x| - |x|, \varphi \rangle = 0$ folgt dann $T(t)|x| = |x|$ ($t \geq 0$) oder $A|x| = 0$. Daß $|x|$ ein quasi-innerer Punkt ist, folgt aus der Irreduzibilität, denn das Hauptideal $E_{|x|}$ ist $\{T(t)\}$-invariant.

Aus dieser Überlegung und Prop. 1.3(b) folgt die Aussage (c). Sie zeigt aber auch, daß ker A ein von Null verschiedener Unterverband ist. Aus der Irreduzibilität folgt dann $\dim \ker A = 1$, und damit ist (a) bewiesen. (b) Ist $s > 0$ und gilt $T(s)x = \lambda x$ für ein $x > 0$, so folgt $\lambda\langle x, \varphi \rangle = \langle T(s)x, \varphi \rangle = \langle x, T(s)'\varphi \rangle = \langle x, \varphi \rangle$. Da φ strikt positiv ist, folgt $\langle x, \varphi \rangle > 0$ also $\lambda = 1$. (d) Es sei u der quasi-innere Fixpunkt der Halbgruppe, $\|u\| = 1$, $H := P\sigma(A) \cap i\mathbb{R}$, für $\eta \in H$ sei $V_\eta := \{x \in D(A): Ax = \eta x, |x| = u\}$ und $V := \bigcup \{V_\eta : \eta \in H\}$. Betrachtet man V als Teilmenge von $E_u \cong C(K_u)$, dann impliziert Aussage (c), daß V eine Untergruppe der unimodularen Funktionen auf K_u ist. Es folgt, daß $\{\sum \lambda_i x_i: n \in \mathbb{N}, \lambda_i \in \mathbb{C}, u_i \in V\}$ eine *-Unteralgebra von $C(K_u)$ ist, und damit ist der Abschluß in der Supremumsnorm ein Unterverband von $C(K_u)$. Der Abschluß dieses Unterverbandes in E ist gerade E_0, und damit ist die E_0 betreffende Aussage bewiesen. Die Einschränkung von $\{T(t)\}$ auf E_0 ist eine stark stetige, beschränkte Halbgruppe; sie wird im folgenden mit $\{T_0(t)\}$ bezeichnet. Wir setzen $G := \{T_0(t): t \geq 0\}^{-\mathscr{L}_s}$ und beweisen folgende Eigenschaften von G:

(1) G ist kompakt in $\mathscr{L}_s(E_0)$;
(2) für jedes $s > 0$ gilt $\mathrm{Id} \in \{T_0(t): t > s\}^{-\mathscr{L}_s}$;
(3) G ist eine irreduzible Gruppe positiver Operatoren.

(1): ist $x \in V_\eta$ $(\eta \in H)$, so ist $\{T_0(t)x\} = \{e^{\eta t}x\}$ kompakt in E_0. Da $V = \cup V_\eta$ in E_0 total und die Halbgruppe in $\mathscr{L}(E_0)$ beschränkt ist, folgt die Behauptung aus [21, III.4.5].

(2): Es genügt zu zeigen, daß zu $x_1, x_2, \ldots, x_n \in V$, $s \in \mathbb{R}_+$, $\varepsilon > 0$ ein $t > s$ existiert, mit $\sup_{1 \leq k \leq n} \|T_0(t)x_k - x_k\| < \varepsilon$.

Nun gibt es zu $x_k \in V$ ein $\eta_k \in H$, so daß $T_0(t)x_k = \exp(\eta_k t)x_k$. Der Homomorphismus $\gamma: \mathbb{R} \to \Gamma^n: t \mapsto (\exp(\eta_1 t), \ldots, \exp(\eta_n t))$ ist entweder periodisch oder er hat dichtes Bild. In jedem Fall existiert ein $t > s$ mit $|\gamma(t) - (1, \ldots, 1)| < \varepsilon$.

(3): Aufgrund von (2) gibt es auf $(0, \infty)$ einen gegen ∞ konvergenten Ultrafilter $\mathscr{U}$ mit $\mathscr{U}\text{-}\lim T_0(t) = \mathrm{Id}$. Für $S := \mathscr{U}\text{-}\lim T_0(t-s)$ gilt dann $S \in G$ und $S \cdot T_0(s) = T_0(s) \cdot S = \mathrm{Id}$.

Dies zeigt, daß jedes $T_0(t)$ $(t > 0)$ invertierbar ist und $T_0(t)^{-1}$ in G liegt. Damit ist G als Abschluß einer relativkompakten Gruppe in $\mathscr{L}_s(E_0)$ selbst eine Gruppe. Daß sie aus positiven Operatoren besteht, folgt unmittelbar aus der Definition. Bleibt zu zeigen, daß G irreduzibel ist.

Nach [22, III.7.9 Cor. 1] ist G mittelergodisch. Für die mittelergodische Projektion P gilt: $\langle Px, x' \rangle = \int \langle Tx, x' \rangle dm(T)$ $(x \in E_0,\ x' \in E_0')$, dabei ist m das Haarsche Maß auf G. Aus dieser Darstellung ist ersichtlich, daß P strikt positiv ist, außerdem gilt $\dim PE_0 = 1$, da der Fixraum der Halbgruppe $\{T_0(t)\} \subseteq G$ eindimensional ist. Die Irreduzibilität folgt nun aus [22, III.8.5] und damit sind die Zwischenbehauptungen (1) – (3) bewiesen.

Definiert man $\varkappa: \mathbb{R} \to G$ durch $\varkappa(t) := \begin{cases} T_0(t) & \text{falls } t \geq 0 \\ T_0(t)^{-1} & \text{falls } t \leq 0 \end{cases}$

dann ist $\varkappa$ ein stetiger Homomorphismus mit dichtem Bild, das heißt, $(G, \varkappa)$ ist solenoidal. Die Existenz von i und j sowie das kommutierende Diagramm folgen aus [22, III.10.4]. Q.E.D.

Nachdem der Satz bewiesen ist, wollen wir noch ein paar ergänzende Bemerkungen zur Aussage (d) anfügen:

Die kompakte Gruppe $G = \{T_0(t): t \geqslant 0\}^{-\mathscr{L}_s}$ und die diskrete Gruppe $H = P\sigma(A) \cap i\mathbb{R}_d$ sind im Sinne lokalkompakter, abelscher Gruppen zueinander dual (also $G = \hat{H}$).

Allgemeiner hätte man zeigen können, daß es zu jeder Untergruppe H von $P\sigma(A) \cap i\mathbb{R}_d$ einen abgeschlossenen, $\{T(t)\}$-invarianten Unterverband E_H von E sowie Verbandshomomorphismen i, j gibt, so daß das folgende Diagramm kommutiert. Dabei ist $\varkappa: \mathbb{R} \to \hat{H}$, die zur Inklusion $H \subseteq i\mathbb{R}$ duale Abbildung.

$$\begin{array}{ccccc} C(\hat{H}) & \xrightarrow{i} & E_H & \xrightarrow{j} & L^1(\hat{H}) \\ \downarrow R_\varkappa(t) & & \downarrow T(t) & & \downarrow R_\varkappa(t) \\ C(\hat{H}) & \xrightarrow{i} & E_H & \xrightarrow{j} & L^1(\hat{H}) \end{array}$$

Unter zusätzlichen Voraussetzungen (z. B.: E reflexiv) ist E_0 das Bild einer strikt positiven Projektion, die die Halbgruppe $\{T(t)\}$ reduziert (vgl. [22, III.11.6]).

Ist umgekehrt eine solenoidale, kompakte Gruppe $(G, \varkappa)$ gegeben, dann erfüllt die positive Halbgruppe $\{R_\varkappa(t)\}$ die Voraussetzungen von Satz 2.6. Ist G die duale Gruppe von $\mathbb{R}_d$, dann gilt $P\sigma(A) \cap i\mathbb{R} = i\mathbb{R}$. Damit ist der Fixraum jedes Operators $R_\varkappa(t)$ unendlichdimensional (1.1(b)). In diesem Fall ist zwar die Halbgruppe irreduzibel, aber keiner der Operatoren $R_\varkappa(t)$ hat diese Eigenschaft.

Wir wollen nun ein konkretes Beispiel ausführlich diskutieren. Dabei handelt es sich um die lineare Boltzmann-Gleichung, die in der Transporttheorie eine wichtige Rolle spielt. Was die Bedeutung sowie die mathematische Behandlung dieser Gleichung betrifft, sei auf [3], [13], [15], [17], [20], [26] verwiesen. Vorweg sollte bemerkt werden, daß das Randspektrum positiver Halbgruppen vor allem deshalb von Interesse ist, weil es Schlüsse auf das Verhalten der Halbgruppe $\{T(t)\}$ für $t \to \infty$ gestattet (siehe auch Abschnitt 3).

2.7 Beispiel. Die lineare Boltzmann-Gleichung ist eine Integrodifferentialgleichung folgender Gestalt:

$$\frac{\partial}{\partial t} f(x,v,t) = -\sum v_i \frac{\partial}{\partial x_i} f(x,v,t) - \sigma(x,v) f(x,v,t) + \int_V \varkappa(x,v,v') f(x,v') dv'$$

$$(x = (x_1, x_2, \ldots, x_n) \in X \subseteq \mathbb{R}^n, v = (v_1, v_2, \ldots, v_n) \in V \subseteq \mathbb{R}^n, t \geqslant 0)$$

Dabei ist die „Anfangsverteilung" $f(x,v,0) = f_0(x,v)$ $((x,v) \in X \times V)$ gegeben und von der Lösung werden gewisse Randbedingungen gefordert. Physikalische Gründen legen es nahe, das Problem in dem Banachverband $L^1(X \times V)$ zu diskutieren. Im Mittelpunkt des Interesses steht das Spektrum des *Boltzmann-Operators* $B := A_0 - M_\sigma + K$ (siehe auch [3], [13], [17], [26]), wobei A_0 der Differentialoperator $-\sum v_i \frac{\partial}{\partial x_i}$, M_σ der Multiplikationsoperator mit der Funktion σ und K der Integraloperator K: $f \mapsto \int_V \varkappa(.,.,v')f(.,v')dv'$ ist. Unter gewissen Voraussetzungen an σ und $\varkappa$ ist B der Generator einer positiven Halbgruppe, die die Voraussetzungen von Thm. 2.6 erfüllt. Dies in Verbindung mit einigen Zusatzüberlegungen erlaubt es das Spektrum von B zu bestimmen. Wir werden den eindimensionalen Fall ($n = 1$) ausführlich diskutieren und anschließend kurz auf den n-dimensionalen Fall eingehen.

Im folgenden sei $X := [a, b]$ ein kompaktes Intervall in $\mathbb{R}$, $V := \{v \in \mathbb{R}: v_{min} \leqslant |v| \leqslant v_{max}\}$ $(0 \leqslant v_{min} < v_{max} < \infty)$ und E der Banachverband $L^1(X \times V)$. Weiter sei σ eine positive, stetige Funktion auf $X \times V$ und $\varkappa$ eine positive, stetige Funktion auf $X \times V \times V$. Definiert man $(M_\sigma f)(x, v) := \sigma(x, v) f(x, v)$ und $(Kf)(x, v) := \int_V \varkappa(x, v, v') f(x, v') dv'$ $((x, v) \in X \times V, f \in E)$, dann sind M_σ und K stetige positive Operatoren. Für $t \geqslant 0$ sei

$$(T_0(t)f)(x, v) := \begin{cases} f(x - vt, v) & \text{falls } x - vt \in X, \\ 0 & \text{sonst.} \end{cases}$$

Dann ist $\{T_0(t)\}$ eine positive Halbgruppe auf E, der Definitionsbereich des zugehörigen Generators A_0 enthält die Menge $D := \{f \in C^1(X \times V): f(a, v) = 0$ für $v \geqslant 0$, $f(b, v) = 0$ für $v \leqslant 0\}$ und für $f \in D$ gilt $(A_0 f)(x, v) = -v \frac{\partial}{\partial x} f(x, v)$.
Der unbeschränkte Operator $A := A_0 - M_\sigma$ mit Definitionsbereich $D(A) = D(A_0)$ erzeugt eine positive Halbgruppe $\{T(t)\}$ und zwar

$$(T(t)f)(x, v) = \begin{cases} f(x - vt, v) \exp\left(-\int_0^t \sigma(x - sv, v) ds\right) & \text{falls } x - vt \in X, \\ 0 & \text{sonst.} \end{cases}$$

Wir bestimmen zunächst das Spektrum des Operators A. Dabei sind die Fälle „$v_{min} = 0$“ und „$v_{min} > 0$“ zu unterscheiden.

(i) Ist $v_{min} > 0$, dann ist $T(t) = 0$, falls $t \geqslant v_{min}^{-1}(b - a)$, das heißt, die Halbgruppe $\{T(t)\}$ ist nilpotent. Insbesondere gilt $\omega_0(A) = s(A) = -\infty$ und $\sigma(A) = \emptyset$. Ist $v_{min} = 0$, so gilt $\omega_0(A) = s(A) = -\lambda_0$, wobei $\lambda_0 := \inf\{\sigma(x, 0): x \in X\}$ und $\sigma(A) = \{\lambda \in \mathbb{C}: \operatorname{Re}\lambda \leqslant -\lambda_0\}$.

Die Aussage für den Fall „$v_{min} > 0$“ folgt unmittelbar aus der oben angegebenen Darstellung der Halbgruppe und der stets gültigen Beziehung $\exp(t\sigma(A)) \subseteq \sigma(T(t))$ (vgl. 1.1 (a)).

Zum Beweis der Behauptung für den Fall „$v_{min} = 0$“ bestimmen wir zunächst die Wachstumsschranke, die mit der Spektralschranke zusammenfällt, da es sich um eine positive Halbgruppe auf einem Raum L^1 handelt [6, 3.3]. Aus der angegebenen Darstellung von $T(t)$ folgt $\|T(t)\| \leqslant \exp(-\lambda^* t)$, wobei

$\lambda^* := \inf\{\sigma(x, v): x \in X, v \in V\}$ und man erhält für den Spektralradius: $r(T(t)) \leqslant \exp(-\lambda^* t)$. Für $n \in \mathbb{N}$ sei $I_n := \{f \in E: f(x, v) = 0$ für $|v| \leqslant n^{-1}\}$ und $J_n := \{f \in E: f(x, v) = 0$ für $|v| \geqslant n^{-1}\}$. Dann sind I_n und J_n $\{T(t)\}$-invariante Ideale und $E = I_n \oplus J_n$. Es folgt $r(T(t)) = \max\{r(T(t)_{|I_n}), r(T(t)_{|J_n})\}$ und da $r(T(t)_{|J_n}) = 0$ (vgl. den Fall „$v_{min} > 0$") und $\|T(t)_{|I_n}\| \leqslant \exp(-\lambda_n t)$, wobei $\lambda_n := \inf\{\sigma(x, v): x \in X, |v| \leqslant n^{-1}\}$, erhält man $r(T(t)) = r(T(t)_{|I_n}) \leqslant \exp(-\lambda_n t)$. Da σ stetig ist, gilt $\lambda_0 = \lim \lambda_n$ und es folgt $\omega_0(A) \leqslant -\lambda_0$. Ist andererseits $x_0 \in X$ so gewählt, daß $\lambda_0 = \sigma(x_0, 0)$ und bezeichnet man die charakteristische Funktion der Menge $\{(x, v) \in X x V: |x - x_0| \leqslant n^{-1}, |v| \leqslant n^{-1}\}$ mit f_n ($n \in \mathbb{N}$), so gilt $\lim \|f_n\|^{-1} \|T(t) f_n\| = \exp(-\lambda_0 t)$. Daraus folgt $\|T(t)\| \geqslant \exp(-\lambda_0 t)$ und man erhält die noch ausstehende Ungleichung $\omega_0(A) \geqslant -\lambda_0$.

Nun kommen wir zur Aussage über das Spektrum von A. Zunächst zeigen wir durch Widerspruch, daß jedes reelle μ mit $\mu \leqslant s(A) = \omega_0(A)$ im Spektrum liegt: Ist $\mu_0 \in \rho(A) \cap (-\infty, s(A))$ und J_n das oben definierte Ideal, so gilt $R(\mu_0, A)_{|J_n} = R(\mu_0, A_{|J_n})$. Da $R(\mu_0, A_{|J_n})$ ein positiver Operator ist (vgl. den Fall „$v_{min} > 0$",) und $\bigcup_{n \in \mathbb{N}} J_n$ in E dicht liegt, folgt $R(\mu_0, A) \geqslant 0$. Aus der Resolventengleichung folgt nun für $\mu > s(A)$:

$$R(\mu, A) = R(\mu_0, A) - (\mu - \mu_0) R(\mu, A) R(\mu_0, A) \leqslant R(\mu_0, A).$$

Dies ist ein Widerspruch, da $s(A)$ im Spektrum liegt und somit $\{R(\mu, A): \mu > s(A)\}$ unbeschränkt ist. Um die Behauptung vollends zu beweisen, genügt es zu zeigen, daß Spektrum und Resolventenmenge unter Translationen um $i\alpha$ ($\alpha \in \mathbb{R}$) invariant sind. Dazu betrachten wir für $\alpha \in \mathbb{R}$ den Multiplikationsoperator M_α mit der Funktion $\exp(-i\alpha \cdot v^{-1} \cdot x)$. M_α ist ein stetiger, invertierbarer Operator auf E und für alle $t \geqslant 0$ gilt: $M_\alpha^{-1} T(t) M_\alpha = \exp(i\alpha t) T(t)$. Es folgt $M_\alpha(D(A)) \subseteq D(A)$ sowie $M_\alpha^{-1} A M_\alpha = i\alpha + A$ und damit ist die Translationsinvarianz von Spektrum und Resolventenmenge bewiesen.

Wir wollen die Diskussion des Generators A mit der expliziten Angabe seiner Resolvente abschließen. Nach einer einfachen Substitution ($x' = x - vt$) erhält man aus der Integralformel 1.2(a) für $\lambda \in \rho(A)$:

$$(R(\lambda, A) f)(x, v) = \int_X \chi(x, v, x') |v|^{-1} \exp\left(-v^{-1} \int_{x'}^{x} (\lambda + \sigma(\xi, v)) d\xi\right) f(x', v) dx'$$

Dabei ist χ die charakteristische Funktion der Menge

$$\{(x, v, x') \in X x V x X: v \neq 0, v^{-1}(x - x') > 0\}.$$

Nun sind wir in der Lage, das Spektrum des linearen Boltzmann-Operators $B := A + K$ zu untersuchen. Da K stetig ist, ist B Generator einer stark stetigen Halbgruppe $\{S(t)\}$ [5, 3.1]. Für große λ gilt $R(\lambda, B) = \sum (R(\lambda, A) K)^n) R(\lambda, A)$. Da K positiv ist, folgt $R(\mu, B) \geqslant R(\mu, A) \geqslant 0$ (μ reell) und aus

$S(t) = \lim_{n\to\infty} \left(\frac{n}{t} R\left(\frac{n}{t}, B\right)\right)^n$ erhält man $S(t) \geqslant T(t) \geqslant 0$. Insbesondere gilt $S(B) = \omega_0(B) \geqslant s(A) = \omega_0(A)$ ($= -\lambda_0$). Für das weitere Vorgehen spielen die Operatoren $R(\lambda, A)K$ ($\mathrm{Re}\,\lambda > s(A)$) eine wichtige Rolle. Aus der oben angegebenen, expliziten Darstellung von $R(\lambda, A)$ folgt:

$$(R(\lambda, A)Kf)(x, v) = \int_V\int_X k(x, v, x', v')f(x', v')\,dx'dv', \text{ wobei}$$

$$k(x, v, x', v') = \chi(x, v, x')\,|v|^{-1}\exp\left(-v^{-1}\int_{x'}^{x}(\lambda + \sigma(\xi, v))\,d\xi\right)\varkappa(x', v, v').$$

Hieraus kann man folgern, daß es sich um kompakte Kernoperatoren handelt. Dies ist klar, falls $v_{min} > 0$, denn dann ist der Kern eines solchen Operators das Produkt der charakteristischen Funktion χ und einer auf $(X \times V)^2$ stetigen Funktion. Etwas komplizierter ist die Situation im Fall „$v_{min} = 0$", denn dann hat der Kern in den Stellen $v = 0$, $x' = x$ Singularitäten. Man kann jedoch zeigen, daß die Banachraum-wertige Funktion

$$\mathscr{K}: X \times V \to E: (x', v') \mapsto k(.,.,x', v')$$

stetig ist, das heißt, $\mathscr{K} \in C(X \times V, L^1(X \times V)) = C(X \times V)\,\tilde{\otimes}_\varepsilon L^1(X \times V) \subseteq L^\infty(X \times V)\,\tilde{\otimes}_\varepsilon L^1(X \times V)$. Damit läßt sich $R(\lambda, A)K$ ($\mathrm{Re}\,\lambda > s(A)$) durch Operatoren endlichen Ranges approximieren und ist folglich kompakt.

Über das Spektrum von B lassen sich nur qualitative Aussagen machen, im Einzelnen gilt:

(ii) Falls die Funktion $\varkappa$ strikt positiv ist und falls $s(B) > s(A)$, dann gelten die folgenden Aussagen:

(a) $\sigma(B) \cap \{\lambda \in \mathbb{C}: \mathrm{Re}\,\lambda > s(A)\}$ besteht ausschließlich aus Polen der Resolvente des Boltzmann-Operators.

(b) $s(B)$ ist ein Pol erster Ordnung und ein dominanter Spektralwert (d. h., $\mathrm{Re}\,\lambda < s(B)$ für alle $\lambda \in \sigma(B)$, $\lambda \neq s(B)$). Der zugehörige Eigenraum ist eindimensional und wird von einer strikt positiven Funktion aufgespannt.

(c) (Im Fall „$v_{min} = 0$" gelte zusätzlich $\lambda_0 > 0$.)
$s(B) = \omega_0(B) \gtreqless 0 \Leftrightarrow r(R(0, A)K) \gtreqless 1.$

Beweis von (a). Falls $\mathrm{Re}\,\lambda > s(A)$, gilt $(\lambda - B) = (\lambda - A)(1 - R(\lambda, A)K)$. Damit liegt λ in der Resolventenmenge von B, sofern $1 - R(\lambda, A)K$ invertierbar ist. Da dies für hinreichend große λ der Fall ist ($\lim \|R(\lambda, A)\| = 0$), folgt aus [7, VII.6.13], daß $\sigma(B) \cap \{\lambda \in C: \mathrm{Re}\,\lambda > s(A)\}$ aus isolierten Punkten besteht. Ist ν ein solcher Punkt und Γ ein Kreis um ν, der keine weiteren Spektralwerte enthält, dann ergibt sich das Residuum in ν zu

$$P_\nu = (2\pi i)^{-1}\int_\Gamma R(z, B)\,dz = (2\pi i)^{-1}\int_\Gamma (1 - R(z, A)K)^{-1}R(z, A)\,dz.$$

Wenn man die Identität $(1 - R(z, A)K)^{-1} = 1 + (1 - R(z, A)K)^{-1}R(z, A)K$ einsetzt und den Cauchyschen Integralsatz anwendet, dann folgt

$P_\nu = (2\pi i)^{-1} \int_\Gamma (1 - R(z,A)K)^{-1} R(z,A) K R(z,A)\,dz$. Da der Integrand für jedes $z \in \Gamma$ ein kompakter Operator ist, ist P_ν eine kompakte Projektion und als solche von endlichem Rang, insbesondere ist ν ein Pol der Resolvente [7, VII.3.20].

Beweis von (b). Da $\varkappa$ strikt positiv ist, ist der zum Operator $(R(\mu,A)K)^2 R(\mu,A)$ $(\mu \in \mathbb{R})$ gehörende Kern fast überall strikt positiv. Folglich ist dieser Operator irreduzibel und wegen $R(\mu,B) = R(\mu,A) + R(\mu, A)KR(\mu, A) + \ldots \geqslant (R(\mu, A)K)^2 R(\mu, A)$ ist auch $R(\mu, B)$ irreduzibel. Aus Thm. 2.6 folgt nun, daß der Eigenraum eindimensional ist und von einer strikt positiven Funktion h aufgespannt wird. Der höchste Koeffizient der Laurentreihe der Resolvente ist ein positiver, von Null verschiedener Operator Q. Wäre die Polordnung größer als 1, so wäre $Qh = 0$ also $Q = 0$, da h strikt positiv ist.

Angenommen $s(B)$ ist kein dominanter Spektralwert, dann existieren wegen (a) und Thm. 2.6 $g \in E$ und $\alpha \in \mathbb{R}\backslash\{0\}$ mit folgenden Eigenschaften: $(s(B) + i\alpha - (A + K))g = 0$, $(s(B) - (A + K))\,|g| = 0$, $|g| \gg 0$. Es folgt $R(s(B) + i\alpha, A)Kg = g$, $R(s(B), A)K\,|g| = |g| \gg 0$, außerdem gilt für alle $f \in E$:

$$|R(s(B) + i\alpha, A)Kf| \leqslant R(s(B), A)\,|Kf| \leqslant R(s(B), A)K\,|f|.$$

Aus [8, 1.5] folgt dann $R(s(B) + i\alpha, A)K = M_g R(s(B), A) K M_g^{-1}$, wobei M_g der Multiplikationsoperator mit der Funktion $g_0 := |g|^{-1} g$ ist. Vergleicht man die Kerne dieser beiden Operatoren, dann folgt für fast alle $(x, v, x', v') \in (X \times V)^2$:

$$\chi(x, v, x')\exp(-i\alpha v^{-1}(x - x')) = \chi(x, v, x') g_0(x', v')^{-1} g_0(x, v).$$

Man sieht leicht, daß dies keine Funktion g_0 erfüllen kann.

Beweis von (c). Für $\mu, \nu \in \mathbb{R}$, $s(A) < \mu \leqslant \nu$ gilt: $R(\nu, A) - (\mu - \nu)R(\nu, A)R(\mu, A) \geqslant R(\nu, A)$, insbesondere ist die Funktion $\hat{r}$: $\mu \mapsto r(R(\mu, A)K)$ monoton fallend. Die Operatoren $R(\mu, A)K$ $(s(A) < \mu \in \mathbb{R})$ sind kompakte Kernoperatoren, deren Quadrate strikt positive Kerne besitzen. Damit sind die Spektralradien größer als Null und es existiert jeweils eine strikt positive Eigenfunktion [22, V.6.6]. Hieraus folgt, daß die Funktion $\hat{r}$ streng monoton fallend ist. Denn ist $\hat{r}(\mu) = \hat{r}(\nu)$, $\mu \leqslant \nu$ und h_ν eine strikt positive Eigenfunktion von $R(\nu, A)K$, dann folgt aus $R(\mu, A)Kh_\nu \geqslant R(\nu, A)Kh_\nu = \hat{r}(\nu)h_\nu = \hat{r}(\mu)h_\nu$: $(R(\mu, A)K - R(\nu, A)K)h_\nu = 0$. Da h_ν eine strikt positive Funktion ist, folgt $R(\mu, A)K = R(\nu, A)K$, was offenbar nur für $\mu = \nu$ richtig sein kann. Behauptung (c) folgt nun aus $r(R(s(B), A)K) = 1$, was eine unmittelbare Folgerung von Teil (b) ist.

Bevor wir auf den n-dimensionalen Fall zu sprechen kommen, wollen wir anmerken, wie die Voraussetzungen abgeschwächt werden können: Von σ genügt es zu fordern, daß es sich um eine meßbare, beschränkte Funktion handelt. In diesem Fall ist $\lambda_0 := \lim_{n \to \infty} (\operatorname{ess\,inf}\{\sigma(x, v) : x \in X, |v| \leqslant n^{-1}\})$. Auch die Stetigkeitsforderung an $\varkappa$ kann man abschwächen, sofern sichergestellt ist, daß die Operatoren $R(\lambda, A)K$ kompakt sind. Will man auf die strikte Positivität von $\varkappa$ verzichten, so ist darauf zu achten, daß der Operator $R(\mu, A)K$ ($\mu > s(A)$) irreduzibel bleibt. Dies ist immer dann erfüllt, wenn eine Potenz dieses Operators einen strikt positiven Kern hat. Abschließend zwei Bemerkungen zu der Forderung „$s(B) > s(A)$": Im Fall „$v_{min} > 0$" ist dies stets erfüllt, denn da $R(\mu, B) \geqslant (R(\mu, A)K)^2 R(\mu, A)$ und da der rechtsstehende Operator einen strikt positiven Kern hat, folgt $r(R(\mu, B)) > 0$ [22, V.6.6], also $s(B) > -\infty = s(A)$. Im Fall „$v_{min} = 0$" ist die Forderung äquivalent zu „$r(R(\mu, A)K) \geqslant 1$ für ein $\mu > s(A)$" (vgl. den Beweis von (ii) (c)).

Bei der Behandlung des Boltzmann-Operators im n-dimensionalen Fall ($X \subseteq \mathbb{R}^n$ kompakt und konvex, $V = \{v \in \mathbb{R}^n : v_{min} \leqslant (\sum v_i^2)^{1/2} \leqslant v_{max}\}$) kann man im Grunde genommen genauso verfahren wie im eindimensionalen Fall. Allerdings treten gewisse Schwierigkeiten auf, sie entstehen durch die Berandung der Menge X und besonders durch die Komplexität der zu betrachtenden Kernoperatoren. Dies betrifft nicht die Aussage (i). Sie ist auch im n-dimensionalen Fall richtig und der Beweis kann fast wörtlich übernommen werden. Versucht man die Beweise von Aussage (ii) zu übertragen, so stellt man fest, daß die Operatoren $R(\lambda, A)K$ keine Kernoperatoren sind, wenn $n \geqslant 2$. Sie müssen durch $(R(\lambda, A)K)^n$ ersetzt werden, welches ziemlich komplizierte Kernoperatoren sind. Kann man nachweisen, daß diese Operatoren kompakt sind, dann lassen sich die Beweise von (ii) mutatis mutandis übertragen.

3. Kontraktionshalbgruppen auf L^p-Räumen

Aus den Anmerkungen im Anschluß an den Beweis von 2.6 ist ersichtlich, daß für Halbgruppen $\{T(t)\}$, die die Voraussetzungen von 2.6(d) erfüllen und rein imaginäre Eigenwerte $i\alpha$ ($\alpha \neq 0$) besitzen, folgendes Resultat gilt:

Es gibt einen zu $C(\Gamma)$ isomorphen, $\{T(t)\}$-invarianten Unterverband, auf dem $\{T(t)\}$ die Rotationshalbgruppe induziert.

Für Kontraktionshalbgruppen auf L^p-Räumen kann man eine weitergehende Aussage machen und auf die Irreduzibilität verzichten. Es handelt sich dabei um das kontinuierliche Analogon eines Resultates von SCHAEFER (vgl. [23]).

Sei (X, Σ, μ) ein Maßraum, $1 \leqslant p < \infty$, $p^{-1} + q^{-1} = 1$. Für $f \in L^p(X, \mu)$ wird $\check{f}$ wie folgt definiert:

$$\check{f}(s) := \frac{|f(s)|^p}{f(s)} \quad (\check{f}(s) = 0, \quad \text{falls} \quad f(s) = 0).$$

Es gilt dann $\check{f} \in L^q(X, \mu)$ und $\langle f, \check{f} \rangle = \|f\|_p^p = \|\check{f}\|_q^q$. Die im ersten Abschnitt definierten Funktionen $f^{(k)}$ ($k \in \mathbb{Z}$) sind durch $f^{(k)}(s) = f(s)^k |f(s)|^{1-k}$ gegeben.

3.1 Lemma. Es sei (X, Σ, μ) ein Maßraum, $1 < p < \infty$, $f \in L^p(X, \mu)$, $f \neq 0$, $\alpha \in \mathbb{C}$, $|\alpha| = 1$.

Ist T eine positive Kontraktion auf $L^p(X, \mu)$ mit $Tf = \alpha f$, dann gilt:

(a) $Tf^{(k)} = \alpha^k f^{(k)}$ $(k \in \mathbb{Z})$.
(b) $T'\check{f}^{(k)} = \alpha^k \check{f}^{(k)}$ $(k \in \mathbb{Z})$.
(c) $\{|f|\}^{\perp}$ und $\{|f|\}^{\perp\perp}$ sind T-invariante Bänder.

Beweis. (a) Da die Norm auf dem positiven Kegel streng monoton (d. h.: $0 \leq x \lneqq y \Rightarrow \|x\| < \|y\|$) und T eine Kontraktion ist, folgt aus $|f| = |Tf| \leq T|f|$: $T|f| = |f|$. Die Behauptung ergibt sich dann aus [8, 1.6].
(b) Wir können o.B.d.A. annehmen, daß $\|f\|_p = 1$ und damit $\|\check{f}\|_q = 1$. Es gilt dann $\langle f, \bar{\alpha}T'f\rangle = \langle f, \check{f}\rangle = \|f\|_p$. Da die p-Norm strikt konvex ist und $\|\bar{\alpha}T'\check{f}\|_q \leq \|\check{f}\|_q = 1$ gilt, folgt $\bar{\alpha}T'\check{f} = \check{f}$. Die Behauptung folgt nun aus (a).
(c) Aus (a) folgt $T|f| = |f|$ und damit ist $\{|f|\}^{\perp\perp} \subsetneq L^p(X, \mu)$ T-invariant. Ebenso folgt aus (b), daß $\{|\check{f}|\}^{\perp\perp} \subsetneq L^q(X, \mu)$ T'-invariant ist. Damit ist $\{|f|\}^{\perp} = (\{|\check{f}|\}^{\perp\perp})^0$ T-invariant.

Die *Rotationshalbgruppe* mit Periode τ $\{R_\tau(t)\}_{t\geq 0}$ auf der Kreisgruppe Γ ist gegeben durch $(R_\tau(t)f)(z) := f(z\exp(2\pi i t\,\tau^{-1}))$ $(f \in L^p(\Gamma))$.

3.2 Theorem. Es sei (X, Σ, μ) ein Maßraum, $1 < p < \infty$, $p^{-1} + q^{-1} = 1$ und $\{T(t)\}$ eine positive Halbgruppe von Kontraktionen auf $L^p(X, \mu)$.

Ist $i\alpha \in P\sigma(A) \cap i\mathbb{R}$, $\alpha \neq 0$, $\tau := 2\pi\alpha^{-1}$, dann gibt es isometrische Verbandshomomorphismen i, j, so daß die folgenden Diagramme für alle $t \geq 0$ kommutieren. Außerdem gilt $j' \circ i = \mathrm{Id}$.

$$\begin{array}{ccc} L^p(\Gamma) & \xrightarrow{i} & L^p(X,\mu) \\ {\scriptstyle R_\tau(t)}\downarrow & & \downarrow{\scriptstyle T(t)} \\ L^p(\Gamma) & \xrightarrow[i]{} & L^p(X,\mu) \end{array} \qquad \begin{array}{ccc} L^q(\Gamma) & \xrightarrow{j} & L^q(X,\mu) \\ {\scriptstyle R_\tau(t)'}\downarrow & & \downarrow{\scriptstyle T(t)} \\ L^q(\Gamma) & \xrightarrow[j]{} & L^q(X,\mu) \end{array}$$

Wir wollen zunächst die Behauptung des Satzes erläutern und einige ergänzende Bemerkungen anfügen.

Anmerkungen zu 3.2. (a) Die Halbgruppe $\{R_\tau(t)'\}$ ist ebenfalls eine Rotationshalbgruppe auf Γ, nämlich $\{R_{-\tau}(t)\}$. Das Theorem besagt nun: $L^p(X, \mu)$ enthält $L^p(\Gamma)$ als abgeschlossenen, $\{T(t)\}$-invarianten Unterverband, $L^q(X, \mu)$ enthält in gleicher Weise $L^q(\Gamma)$. Die Einschränkungen von $\{T(t)\}$ bzw. $\{T(t)'\}$ sind jeweils Rotationshalbgruppen. Die Bedingung $j' \circ i = \mathrm{Id}$ bedeutet, daß die Teilräume $L^p(\Gamma) \subsetneq L^p(X, \mu)$ und $L^q(\Gamma) \subsetneq L^q(X, \mu)$ in kanonischer Dualität zueinander stehen. Das heißt, für $f \in L^p(\Gamma) \subsetneq L^p(X, \mu)$, $g \in L^q(\Gamma) \subsetneq L^q(X, \mu)$ gilt $\int_X f(s)g(s)\,d\mu(s) = \int_\Gamma f(z)g(z)\,dz$.

(b) um zu sehen, welche Aussagen im Fall „$p = 1$" richtig bleiben, muß man zunächst einen Blick auf das Lemma werfen. Dabei erkennt man, daß 3.1(a) auch für $p = 1$ richtig ist, 3.1(b) und (c) allerdings falsch sind $\left(\text{z. B.: } E = \mathbb{C}^2, T = \begin{pmatrix} 1 & 0{,}5 \\ 0 & 0{,}5 \end{pmatrix}\right)$. Dies hat zur Folge, daß man zwar i, aber nicht mehr j konstruieren kann. Damit enthält $L^1(X, \mu)$ den Banachverband $L^1(\Gamma)$ als $\{T(t)\}$-invarianten Unterverband, und $\{T(t)\}_{|L^1(\Gamma)}$ ist die Rotationshalbgruppe.

(c) In [16] wurde gezeigt, daß positive, stark stetige Halbgruppen auf $L^\infty(X, \mu)$ bereits normstetig sind. Damit ist das Spektrum in diesem Fall kompakt und [8, 2.4] impliziert $\sigma(A) \cap i\mathbb{R} \subseteq \{0\}$, falls A der Generator einer positiven Halbgruppe auf $L^\infty(X, \mu)$ ist, insbesondere gibt es keine von Null verschiedenen, rein imaginären Eigenwerte.

(d) Wie bereits erwähnt wurde, handelt es sich bei Thm. 3.2 um das Analogon des folgenden Resultates von SCHAEFER [23, Thm. 1]: T sei eine positive Kontraktion auf $L^p(X, \mu)(1 < p < \infty)$, $\lambda \in \mathbb{C}$ ein Eigenwert von T und $|\lambda| = 1$. Ist λ eine n-te primitive Einheitswurzel ($n \in \mathbb{N}$), dann enthalten $L^p(X, \mu)$ und $L^q(X, \mu)$ den Banachverband $\mathbb{C}^n$ als T- bzw. T'-invarianten Unterverband und $T_{|\mathbb{C}^n}$ sowie $T'_{|\mathbb{C}^n}$ sind irreduzible Permutationen (d. h., Rotationen auf der zyklischen Gruppe der Ordnung n).

Mit den oben verwandten Beweismethoden kann man dieses Resultat wie folgt ergänzen:

Gilt für alle $n \in \mathbb{N}$ $\lambda^n \neq 1$, dann enthalten $L^p(X, \mu)$ und $L^q(X, \mu)$ die Banachverbände $L^p(\Gamma)$ bzw. $L^q(\Gamma)$ als T- bzw. T'-invariante Unterverbände und $T_{|L^p(\Gamma)}$ sowie $T'_{|L^q(\Gamma)}$ sind irreduzible Rotationen auf der Kreisgruppe.

Beweis von 3.2. Nach Voraussetzung gilt $Af = i\alpha f$ für ein $f \neq 0$. Da hieraus $A\bar{f} = -i\alpha\bar{f}$ folgt, können wir o.B.d.A. $\alpha > 0$ annehmen. Zunächst beweisen wir die Behauptung unter folgender Voraussetzung:

(*) $\mu(X) = 1$ und $|f| = e$ (d. h.: $|f(s)| = 1$ für alle $s \in X$)

Nach 3.1(a) gilt $T(t)e = e (t \geqslant 0)$. Damit ist das Hauptideal $E_e = L^\infty(X, \mu)$ invariant unter allen Operatoren $T(t)(t \geqslant 0)$. $L^\infty(X, \mu)$ ist zu einem Raum C(K) (K kompakt) isomorph. Die Halbgruppe $\{T(t)\}$ induziert auf C(K) eine (nicht notwendig stark stetige) Halbgruppe $\{\tilde{T}(t)\}$ von Markoffoperatoren. Bezeichnet man die f entsprechende, stetige Funktion auf K mit $\tilde{f}$ und das μ entsprechende Radonmaß auf K mit $\tilde{\mu}$, so gilt:

(1) $\tilde{T}(t)\tilde{f}^k = e^{ik\alpha t}\tilde{f}^k \quad (k \in \mathbb{Z}, t \geqslant 0)$;
(2) $\tilde{T}(t)'\tilde{\mu} = \tilde{\mu} \quad (t \geqslant 0)$;
(3) $\langle \tilde{f}^k, \tilde{\mu} \rangle = 0$, falls $k \neq 0$ und $\langle \tilde{f}^0, \tilde{\mu} \rangle = \langle e, \tilde{\mu} \rangle = 1$;
(4) $\tilde{f}(K) = \Gamma = \{z \in \mathbb{C}: |z| = 1\}$.

Die ersten beiden Behauptungen folgen aus dem Lemma, die dritte ergibt sich aus folgender Gleichung:

$$\langle \tilde{f}^k, \tilde{\mu} \rangle = \langle \tilde{f}^k, \tilde{T}(t)'\tilde{\mu} \rangle = \langle \tilde{T}(t)\tilde{f}^k, \tilde{\mu} \rangle = e^{ik\alpha t}\langle \tilde{f}^k, \tilde{\mu} \rangle.$$

Nun müssen wir noch (4) beweisen: Wegen $|f| = e$ gilt jedenfalls $\tilde{f}(K) \subseteq \Gamma$. Ist $\tilde{f}(K) \subsetneqq \Gamma$, dann gibt es eine Folge von Polynomen (p_n), so daß $p_n(z)$ gleichmäßig in $z \in \tilde{f}(K)$ gegen $\frac{1}{z}$ konvergiert. Es folgt, daß $(p_n \circ \tilde{f})$ gleichmäßig auf K gegen $\tilde{f}^{-1}$ konvergiert, das heißt, $\lim (p_n \circ \tilde{f})\tilde{f} = e$. Jedes $(p_n \circ \tilde{f})\tilde{f}$ ist eine Linearkombination der Funktionen $\{\tilde{f}^k \colon k \geqslant 1\}$. Damit gilt $\langle (p_n \circ \tilde{f})\tilde{f}, \tilde{\mu}\rangle = 0$ $(n \in \mathbb{N})$, während $\lim \langle (p_n \circ \tilde{f})\tilde{f}, \tilde{\mu}\rangle = \langle e, \tilde{\mu}\rangle = 1$. Damit ist die vierte Bedingung bewiesen.

Die stetige surjektive Funktion $\tilde{f} \colon K \to \Gamma$ induziert einen isometrischen Verbands- und Algebraisomorphismus $\varphi \colon C(\Gamma) \to C(K)$, $h \mapsto h \circ \tilde{f}$. Für $k \in \mathbb{Z}$ gilt $\varphi(z^k) = \tilde{f}^k$ und falls $k \neq 0$, $\langle z^k, \varphi'(\tilde{\mu})\rangle = 0$ sowie $\langle e, \varphi'(\tilde{\mu})\rangle = 1$. Dies zeigt, daß $\varphi'(\tilde{\mu})$ das Haarsche Maß m auf Γ ist.
Ist $h \in C(\Gamma)$ und $1 \leqslant r < \infty$, so gilt:

$$\|\varphi(h)\|^r_{L^r(\tilde{\mu})} = \int |h \circ \tilde{f}|^r d\tilde{\mu} = \int |h|^r \circ f d\tilde{\mu} = \int |h|^r d(\varphi'(\tilde{\mu})) = \|h\|^r_{L^r(\Gamma)}.$$

Die stetigen Fortsetzungen von φ auf $L^p(\Gamma)$ bzw. auf $L^q(\Gamma)$ liefern die gewünschten isometrischen Verbandshomomorphismen $i \colon L^p(\Gamma) \to L^p(K, \tilde{\mu}) = L^p(X, \mu)$ und $j \colon L^q(\Gamma) \to L^q(K, \tilde{\mu}) = L^p(X, \mu)$.
Für $k \in \mathbb{Z}$ gilt $i(z^k) = f^{(k)} \in L^p(X, \mu)$ und $j(z^k) = \check{f}^{(-k)} \in L^q(X, \mu)$. Daraus folgt mit Hilfe von 3.6(a), (b) und für $\tau := \frac{2\pi}{\alpha}$: $T(t) \circ i(z^k) = T(t)f^{(k)} = e^{ik\alpha t} f^{(k)} = i \circ R_\tau(t)(z^k)$ und $T(t)' \circ j(z^k) = T(t)' \check{f}^{(-k)} = e^{-ik\alpha t}\check{f}^{(-k)} = j \circ R_\tau(t)'(z^k)$.

Da die Menge $\{z^k \colon k \in \mathbb{Z}\}$ sowohl in $L^p(\Gamma)$ als auch in $L^q(\Gamma)$ total ist, folgt $T(t) \circ i = i \circ R_\tau(t)$ und $T(t)' \circ j = j \circ R_\tau(t)'$, das heißt, die angegebenen Diagramme kommutieren.

Schließlich gilt für $k, m \in \mathbb{Z}$ wegen Bedingung (3): $\langle i(z^k), j(z^m)\rangle = \langle f^{(k+m)}, \mu\rangle = \langle z^k, z^m\rangle$ und man erhält $j' \circ i = \mathrm{Id}$. Damit ist der Satz unter der Voraussetzung (*) bewiesen.

Den allgemeinen Fall kann man wie folgt darauf zurückführen: Wegen 3.1(c) reduziert die zu $\{|f|\}^{\perp\perp}$ gehörige Bandprojektion die Halbgruppe. Deshalb kann man sich auf den Fall $|f| \gg 0$, das heißt, $|f(s)| > 0$ für alle $s \in X$, beschränken. Darüber hinaus können wir $\|f\|_p = 1$ annehmen. Ist $\hat{\mu}$ das Maß auf (X, Σ), welches bezüglich μ die Dichte $|f|^p$ hat, dann gilt $\hat{\mu} \geqslant 0$, $\hat{\mu}(X) = 1$. Für $1 \leqslant r < \infty$ ist $i_r \colon L^r(X, \hat{\mu}) \to L^r(X, \mu) \colon h \mapsto h\,|f|^{p/r}$ ein isometrischer Verbandsisomorphismus, und falls $r^{-1} + s^{-1} = 1$, so gilt $i_r' = i_s$. Setzt man $\hat{T}(t) := i_p^{-1} \circ T(t) \circ i_p$, dann ist $\{\hat{T}(t)\}$ eine stark stetige Halbgruppe auf $L^p(X, \hat{\mu})$ und für $\hat{f} := \frac{f}{|f|}$ gilt:
$\hat{T}(t)\hat{f} = i_p^{-1}T(t)i_p\hat{f} = i_p^{-1}T(t)f = e^{i\alpha t}i_p^{-1}f = e^{i\alpha t}\hat{f}$. Damit erfüllen $\hat{T}(t)$, $\hat{\mu}$, $\hat{f}$ die Voraussetzung (*). Sind $\hat{i}$ und $\hat{j}$ die oben konstruierten Verbandshomomorphismen, dann leisten $i := i_p \circ \hat{i}$ und $j := i_q \circ \hat{j}$ das Gewünschte. Q.E.D.

Im Hinblick auf die Asymptotik, das heißt, das Verhalten der Halbgruppe $\{T(t)\}$ für $t \to \infty$, liefert Thm. 3.2 eine eher negative Aussage. Nicht nur tritt keine Konvergenz ein, sondern auch zu jedem noch so kleinen $\varepsilon > 0$ gibt es ein $f > 0$, so daß $\|T(t)f - T(t + \varepsilon)f\| \geqslant \|f\|$ für alle $t \geqslant 0$. Die restlichen Ausführungen beschäftigen sich mit positiven Antworten, das heißt mit Bedingungen, die die starke Konvergenz von $\{T(t)\}$ für $t \to \infty$ sicherstellen. Den Mittelpunkt bildet ein 0-2-Gesetz, zu dessen Formulierung und Beweis einige Vorbemerkungen und mehrere Lemmata nötig sind.

Ist (X, Σ, μ) ein Maßraum, dann ist jedes abgeschlossene Verbandsideal in $L^p(X, \mu)$ $(1 \leqslant p < \infty)$ von der Form $\{f \in L^p(X, \mu)\colon f_{|X\setminus D} = 0\}$, für ein geeignetes $D \in \Sigma$ [22, III.1.Ex.2]. Wir bezeichnen dieses Ideal mit $L^p(D, \mu)$. Ist T ein positiver Operator auf $L^p(X, \mu)$, dann heißt eine Menge $D \in \Sigma$ *T-invariant*, falls $L^p(D, \mu)$ ein T-invariantes Ideal ist. Im entsprechenden Sinn wird der Begriff *$\{T(t)\}$-invariante Teilmenge* verwendet, sofern $\{T(t)\}$ eine positive Halbgruppe auf $L^p(X, \mu)$ ist.

Der Raum $\mathscr{L}^r(L^p(X, \mu))$ aller regulären Operatoren auf $L^p(X, \mu)$ (das ist die lineare Hülle aller positiven Operatoren) ist ein komplexer Vektorverband und eine Unteralgebra aller beschränkten Operatoren. Für $S, T \in \mathscr{L}^r(L^p(X, \mu))$ gilt $|ST| \leqslant |S||T|$ [22, IV.§1]. Darüber hinaus gilt wie in jedem Vektorverband für reelle $S, T \in \mathscr{L}^r(L^p(X, \mu))$: $S \wedge T = \frac{1}{2}(S + T - |S - T|)$ (vgl. [22, II.1.4]).

3.3 Lemma. T sei eine positive Kontraktion auf $L^p(X, \mu)$ $(1 \leqslant p < \infty)$ und es gelte $Te = e$ für eine strikt positive Funktion e.
(a) Aus $0 \leqslant f \leqslant Tf$ oder $0 \leqslant Tf \leqslant f$ $(f \in L^p)$ folgt stets $Tf = f$. Insbesondere ist $\ker(1 - T)$ ein Unterverband.
(b) Ist D eine T-invariante Teilmenge, so ist $X\setminus D$ ebenfalls T-invariant. In diesem Fall sind die Funktionen $e\chi_D$ und $e\chi_{X\setminus D}$ Fixvektoren von T.

Beweis. (a) Die Aussage folgt, wenn man zeigen kann, daß es eine strikt positive, T-invariante Linearform gibt. Im Fall „$p > 1$" folgt dies aus 3.1(b). Falls $p = 1$, so gilt $T'\mathbb{1} \leqslant \mathbb{1}$, da T kontraktiv ist. Aus $\langle \mathbb{1} - T'\mathbb{1}, e\rangle = 0$ und der strikten Positivität von e folgt dann $T'\mathbb{1} = \mathbb{1}$.
(b) Aus $T(e\chi_D) \leqslant T(e) = e$ und $T(e\chi_D) \in L^p(D, \mu)$ folgt $T(e\chi_D) \leqslant e\chi_D$. Aussage (a) impliziert $T(e\chi_D) = e\chi_D$ und somit gilt auch $T(e\chi_{X\setminus D}) = e\chi_{X\setminus D}$. Q.E.D.

Auf einen ausführlichen Beweis des nächsten Lemmas wollen wir verzichten. Man führt ihn unter Verwendung von Lemma 3.3 und der Identität $S \wedge T = \frac{1}{2}(S + T - |S - T|)$.

3.4 Lemma. $\{T(t)\}$ sei eine positive Kontraktionshalbgruppe auf $L^p(X, \mu)$ $(1 \leqslant p < \infty)$ und τ eine (feste) positive, reelle Zahl. Für $t \geqslant 0$ sei $S_t := T(t) \wedge T(t + \tau)$ und $D_t := |T(t) - T(t + \tau)|$.

(a) $S_t h + \frac{1}{2}D_t h = h$ für alle $t \geqslant 0$, $h \in \ker A$.

(b) $D_t T(s) \geqslant D_{t+s}$, $T(s)D_t \geqslant D_{t+s}$; insbesondere ist für $0 < h \in \ker A$ $(D_t h)_{t\geqslant 0}$ monoton fallend und $\lim\limits_{t\to\infty} D_t h \in \ker A$.

(c) $S_t T(s) \leqslant S_{t+s}$, $T(s)S_t \leqslant S_{t+s}$; insbesondere ist für $0 < h \in \ker A$ $(S_t h)_{t\geqslant 0}$ monoton wachsend und $\lim\limits_{t\to\infty} S_t h \in \ker A$.

3.5 Lemma. Es seien die Voraussetzungen von Lemma 3.4 erfüllt und es gelte zusätzlich $\lim_{t\to\infty} S_t h > 0$ für alle $0 < h \in \ker A$.

(a) Für $m \in \mathbb{N}$, $0 < h \in \ker A$ gilt $\lim_{t\to\infty} (S_t^m h) > 0$.

(b) $\ker(1 - T(t)) \subseteq \ker(1 - T(\tau))$ für alle $t > 0$.

Beweis. (a) Für $0 < h \in \ker A$ sei $h_0 := h$, $h_j := \lim_{t\to\infty} S_t h_{j-1}$ $(j \in \mathbb{N})$. Wegen 3.4(c) ist $h_j \in \ker A$ und nach Voraussetzung gilt $h_j > 0$ für alle j. Aus der Identität $S_t^m h - h_m = \sum_{j=1}^{m} S_t^{m-j}(S_t h_{j-1} - h_j)$ folgt $\lim_{t\to\infty} (S_t^m h) = h_m$.

(b) Die Aussage ist mit „$P\sigma(A) \cap i\mathbb{R} \subseteq 2\pi i \tau^{-1} \mathbb{Z}$" gleichwertig (1.1(b)). Angenommen dies ist nicht erfüllt, dann gibt es ein $\rho \neq 0$ mit $2\pi i \rho^{-1} \in P\sigma(A)$ und $\tau \notin \rho\mathbb{Z}$. Nach Thm. 3.2 bzw. der zweiten Anmerkung zu 3.2) enthält $L^p(X, \mu)$ einen zu $L^p(\Gamma)$ isomorphen, $\{T(t)\}$-invarianten Unterverband, auf den $\{T(t)\}$ die Rotationshalbgruppe $\{R_\rho(t)\}$ induziert. Aus der auf S. 229 von [22] angegebenen Formel kann man folgern, daß $(R_\rho(t) \wedge R_\rho(s)) \mathbb{1}_\Gamma = 0$, sofern $t \neq s \pmod \rho$. Das der Funktion $\mathbb{1}_\Gamma$ entsprechende Element in $L^p(X, \mu)$ ist dann ein positiver Fixvektor h von $\{T(t)\}$ mit $S_t h = 0$ für alle t. Q.E.D.

Im letzten Lemma wird die *Stirlingsche Formel* „$n! = \sqrt{2\pi n}\, n^n e^{-n \frac{\theta}{12n}}$ mit $\theta \in [0, 1]$" verwendet (vgl.: S. LANG: A First Course in Calculus. Reading 1968).

3.6 Lemma. Für jedes $m \in \mathbb{N}$ gilt

$$2^{-m} \sum_{k=0}^{m+1} \left| \binom{m}{k} - \binom{m}{k-1} \right| \leqslant \frac{2}{\sqrt{m}} \qquad \left(\binom{m}{-1} = \binom{m}{m+1} = 0 \right).$$

Beweis. Setzt man $\Sigma_m := 2^{-m} \sum_{0}^{m+1} \left| \binom{m}{k} - \binom{m}{k-1} \right|$, dann gilt für $m = 2s-1$ $(s \in \mathbb{N})$: $\Sigma_m = \Sigma_{m+1} = 2((2s)!) \cdot [2^{2s}(s!)^2]^{-1}$. Schätzt man dies mit der Stirlingschen Formel ab, erhält man

$$\Sigma_m = \Sigma_{m+1} \leqslant \frac{2}{\sqrt{2s}} \sqrt{\frac{2}{\pi}} \exp\left(\frac{1}{24}\right) \leqslant \frac{2}{\sqrt{2s}} = \frac{2}{\sqrt{m+1}}$$

$$\leqslant \frac{2}{\sqrt{m}}. \quad \text{Q.E.D.}$$

Nun sind wir in der Lage, das wichtigste Ergebnis dieses Abschnittes, ein 0-2-Gesetz für positive Halbgruppen, zu formulieren und zu beweisen. Das diskrete Analogon geht auf ORNSTEIN und SUCHESTON zurück. Sie haben ein 0-2-Gesetz für gewisse irreduzible Operatoren auf Räumen $L^1(X, \mu)$ bewiesen [19]. Ein 0-2-Gesetz für nicht notwendig irreduzible Operatoren stammt von GREINER und NAGEL [9] (siehe auch LIN [18]). Eine kontinuierliche Version des Resultates von ORNSTEIN und SUCHESTON wurde von WINKLER bewiesen [27].

3.7 Theorem. $\{T(t)\}$ sei eine positive Kontraktionshalbgruppe auf $L^p(X, \mu)$ $(1 \leqslant p < \infty)$ mit einem strikt positiven Fixpunkt $e \in \ker A$.
Zu jedem $\tau > 0$ gibt es eine disjunkte Zerlegung $X = X_0 \cup X_2$ von X in $\{T(t)\}$-invariante, meßbare Teilmengen, so daß
(0) $|T(t) - T(t + \tau)|e_0 \downarrow 0$, falls $t \to \infty$, wobei $e_0 := e\chi_{X_0}$
(2) $|T(t) - T(t + \tau)|e_2 = 2e_2$ für alle $t \geqslant 0$, wobei $e_2 := e\chi_{X_2}$.

Anmerkungen zu 3.7. Ist die Halbgruppe $\{T(t)\}$ auch noch irreduzibel, dann gibt es keine nichttrivialen, $\{T(t)\}$-invarianten Teilmengen, also gilt $X_2 = X$ oder $X_0 = X$. In diesem Fall ist die Aussage des Theorems die folgende Alternative:
Entweder $|T(t) - T(t + \tau)|e \downarrow 0$ für $t \to \infty$
oder $|T(t) - T(t + \tau)|e = 2e$ für alle $t \geqslant 0$.

Das Theorem ist auch unter allgemeineren Voraussetzungen gültig. Beispielsweise ist es richtig für beschränkte, positive Halbgruppen auf Banachverbänden mit ordnungsstetiger Norm, die einen quasi-inneren Fixpunkt und eine strikt positive, invariante Linearform besitzen.

Jede Fellersche Übergangsfunktion (N_t) auf einem kompakten, metrischen Raum K mit invariantem Wahrscheinlichkeitsmaß μ induziert eine positive Halbgruppe auf $L^p(K, \mu)$, welche die Voraussetzungen des Theorems erfüllt. Die Halbgruppe ist wie üblich durch $T(t)f = \int_K f(y) N_t(., dy)$ $(f \in L^p(K, \mu))$ gegeben.

Beweis von 3.7. Weiterhin sei $S_t := T(t) \wedge T(t + \tau)$, $D_t := |T(t) - T(t + \tau)|$. Das abgeschlossene Ideal $I := \{f \in L^p\colon S_t(|f|) = 0 \text{ für alle } t \geqslant 0\}$ ist $\{T(t)\}$-invariant. X_2 sei die zugehörige, meßbare, $\{T(t)\}$-invariante Teilmenge von X, das heißt, $I = L^p(X_2, \mu)$. Für $X_0 := X \backslash X_2$ gilt dann:

$$(*) \quad \lim_{t \to \infty} S_t h > 0 \quad \text{falls} \quad 0 < h \in L^p(X_0, \mu) \cap \ker A.$$

Zu zeigen ist nun $\lim_{t \to \infty} S_t e_0 = 2e_0$ bzw. $\lim_{t \to \infty} D_t e_0 = 0$. Zur Vereinfachung wollen wir im weiteren auf den Index „0“ verzichten (also $X = X_0$, $e = e_0$) und die gegenteilige Annahme zum Widerspruch führen.

Ist $k := \lim_{t \to \infty} D_t e > 0$, dann existiert ein $m \in \mathbb{N}$, so daß $\tilde{k} := \left(k - \frac{2}{\sqrt{m}} e\right)^+ > 0$.

Da $\ker A = \cap \ker(1 - T(t))$ ein Unterverband ist (3.3), folgt aus 3.4(b): $\tilde{k} \in \ker A$. Wegen (*) existiert ein $t_0 \geqslant 0$, so daß $S_{t_0}^m \tilde{k} > 0$ (3.5(a)). Setzt man

$$(\ast\!\ast) \quad U := T(t_0 + \tau)^m - 2^{-m} S_{t_0}^m (1 + T(\tau))^m, \; t_1 := m(t_0 + \tau),$$

dann ist U positiv und für geeignete, positive Operatoren R_j $(j \in \mathbb{N})$ gilt:

$$(\ast\!\ast\!\ast) \quad T(jt_1) = U^j + R_j 2^{-m} (1 + T(\tau))^m.$$

In der Tat, $S_{t_0}(1 + T(\tau)) \leqslant T(t_0 + \tau) + T(t_0)T(\tau)$ impliziert die Positivität von U; die Operatoren R_j erhält man wie folgt: $R_1 := S_{t_0}^m$ und $R_{j+1} := U^j R_1 + R_j T(t_1)$ $(j \in \mathbb{N})$. Aus $(\ast\!\ast\!\ast)$ folgt: $e = U^j e + R_j e$ und da $R_{j+1} e \geqslant R_j e$, ist $(U^j e)_{j \in \mathbb{N}}$ monoton fallend.

Mit Hilfe von ($\ast$) wird nun $D_t e$ abgeschätzt. Zunächst gilt:

$$T(jt_1)(1 - T(\tau)) = U^j(1 - T(\tau)) + R_j 2^{-m}\left(\sum_{n=0}^{m}\binom{m}{n}T(\tau)^n(1 - T(\tau))\right)$$

$$= U^j(1 - T(\tau)) + R_j 2^{-m}\sum_{n=0}^{m+1}\left[\binom{m}{n} - \binom{m}{n-1}\right]T(\tau)^n.$$

Hieraus und aus 3.6 folgt dann:

$$k \leqslant |T(jt_1)(1 - T(\tau))|e \leqslant 2U^j e + R_j\left(2^{-m}\sum_{n=1}^{m+1}\left|\binom{m}{n} - \binom{m}{n-1}\right|\right)e$$

$$\leqslant 2U^j e + \frac{2}{\sqrt{m}}e$$

Dies ist gleichbedeutend mit $k - \frac{2}{\sqrt{m}}e \leqslant 2U^j e$ oder $\tilde{k} = \left(k - \frac{2}{\sqrt{m}}e\right)^+ \leqslant 2U^j e$. Es folgt $\tilde{k} \leqslant 2\tilde{e}$, wobei $\tilde{e} := \lim_{j\to\infty} U^j e = \inf U^j e$. Aus $U\tilde{e} = \lim_{j\to\infty} U^{j+1}e = \tilde{e}$ und ($\ast$) folgt $T(t_1)\tilde{e} \geqslant \tilde{e}$, also $T(t_1)\tilde{e} = \tilde{e}$ wegen 3.3(a). Letzteres impliziert $T(\tau)\tilde{e} = \tilde{e}$ (3.5(b)) und ein Blick auf ($\ast$) zeigt, daß $S^m_{t_0}\tilde{e} = 0$. Aus $0 \leqslant \tilde{k} \leqslant 2\tilde{e}$ folgt schließlich $0 \leqslant S^m_{t_0}\tilde{k} \leqslant 2S^m_{t_0}\tilde{e} = 0$, ein Widerspruch zur Wahl von t_0. Q.E.D.

Wie man mit Hilfe von Theorem 3.7 auf die Konvergenz der Halbgruppe für $t \to \infty$ schließen kann, wird aus dem folgenden Korollar ersichtlich.

3.8 Korollar. $\{T(t)\}$ erfülle die Voraussetzungen von Thm. 3.7 und es gelte $P\sigma(A) \cap i\mathbb{R} = \{0\}$.
Zerlegt man für festes $\tau > 0$ den Grundraum X gemäß Thm. 3.7 in die $\{T(t)\}$-invarianten Mengen X_0 und X_2, dann existiert $\lim_{t\to\infty} T(t)f$ für alle $f \in L^p(X_0, \mu)$.
Die Abbildung $P: L^p(X_0, \mu) \to L^p(X_0, \mu)$, $Pf := \lim_{t\to\infty} T(t)f$ ist eine positive Projektion in den Fixraum der Halbgruppe.

Beweis. Wir können o.B.d.A. $X_0 = X$ annehmen. Der Operator $T(\tau)$ ist mittelergodisch [22, V.8.4]. Ist P die zugehörige mittelergodische Projektion, dann gilt $\ker P = (1 - T(\tau))(L^p(X, \mu))$ und $P(L^p(X, \mu)) = \ker(1 - T(\tau))$. Die Voraussetzung $P\sigma(A) \cap i\mathbb{R} = \{0\}$ impliziert $\ker(1 - T(\tau)) = \ker A$ (1.1(b)). Damit ist die Konvergenz auf $P(L^p(X, \mu))$ klar.

Ist e der quasi-innere Fixpunkt von $\{T(t)\}$ und $|f| \leqslant e$, so gilt:
$|T(t)(1 - T(\tau))f| \leqslant |T(t)(1 - T(\tau))|e \downarrow 0$.
Da die Menge $\{(1 - T(\tau))f : |f| \leqslant e\}$ in $(1 - T(\tau))(L^p(X, \mu)) = \ker P$ total ist und da die Halbgruppe kontraktiv ist, folgt $\lim_{t\to\infty} T(t)f = 0$ für alle $f \in \ker P$. Q.E.D.

In den folgenden Korollarien werden Bedingungen angegeben, die die starke Konvergenz der Halbgruppe auf dem ganzen Raum sicherstellen.

3.9 Korollar. $\{T(t)\}$ sei eine irreduzible positive Halbgruppe, die die Voraussetzungen von Thm. 3.7 erfüllt.
Gibt es reelle Zahlen s, t $\geqslant 0$ mit $s < t$, so daß $T(t) \wedge T(s) \neq 0$ und gilt $P\sigma(A) \cap i\mathbb{R} = \{0\}$, dann konvergiert die Halbgruppe stark gegen eine strikt positive Projektion vom Rang 1 (d. h., $\lim T(t)f = \langle f, h\rangle e$, wo $e \in L^p(X, \mu)$, $h \in L^q(X, \mu)$ strikt positive Funktionen sind).

Beweis. Setzt man $\tau := t - s$, dann folgt aus der Voraussetzung $T(t) \wedge T(s) \neq 0$: $\mu(X_0) > 0$. Aufgrund der Irreduzibilität folgt dann $X_0 = X$ (vgl. die erste Anmerkung zu 3.7). Wegen Kor. 3.8 existiert für alle $f \in L^p(X, \mu)$ $Pf := \lim T(t)f$. Es ist klar, daß P eine positive Projektion auf den Fixraum der Halbgruppe ist. Nach 2.6(a) ist dieser eindimensional und wird von der strikt positiven Funktion e aufgespannt. Also gilt $P = h \otimes e$ für ein $0 < h \in L^q(X, \mu)$. Daß h strikt positiv ist, folgt ebenfalls aus der Irreduzibilität der Halbgruppe. Q.E.D.

Das folgende Korollar kann man anwenden, wenn die Halbgruppe holomorph ist, denn dann ist die Abbildung $t \mapsto T(t)$ auf $(0, \infty)$ normstetig (dies folgt aus [5, 2.38]).

3.10 Korollar. $\{T(t)\}$ sei eine positive Kontraktionshalbgruppe auf $L^1(X, \mu)$ mit einem strikt positiven Fixvektor. Ist für ein $t_0 > 0$ die Abbildung $t \mapsto T(t)$ auf dem Intervall $[t_0, \infty)$ bezüglich der Operatornorm stetig, dann existiert $\lim_{t\to\infty} T(t)f$ für alle $f \in L^1(X, \mu)$.

Beweis. Zunächst zeigen wir $P\sigma(A) \cap i\mathbb{R} = \{0\}$. Die gegenteilige Annahme und die zweite Anmerkung zu Thm. 3.2 implizieren die Existenz eines zu $L^1(\Gamma)$ isomorphen Unterverbandes, auf dem $\{T(t)\}$ die Rotationshalbgruppe induziert. Da diese auf keinem Teilintervall von $\mathbb{R}_+$ normstetig ist, kann $\{T(t)\}$ selbst nicht normstetig sein. In Anbetracht von Kor. 3.8 bleibt zu zeigen, daß für ein geeignetes $\tau > 0$ die Menge X_2 leer ist. Nach Voraussetzung existiert ein $\tau > 0$, so daß $\| T(t_0) - T(t_0 + \tau) \| < 1$. Da für stetige Operatoren auf L^1-Räumen stets $\||S|\| = \|S\|$ gilt (vgl. [22, IV.1.5]), folgt für alle $f \in L^1(X, \mu)$: $\||T(t_0) - T(t_0 + \tau)|f\| < \|f\|$. Damit kann Bedingung (2) von Thm. 3.7 für keine von Null verschiedene Funktion erfüllt sein. Q.E.D.

Im folgenden, letzten Korollar verwenden wir den Begriff „Kernoperator" im folgenden Sinne: Ein positiver Operator heißt *Kernoperator*, wenn er in dem von den Operatoren endlichen Ranges erzeugten Band liegt. Eine andere, anschaulichere Beschreibung dieser Operatoren findet man in [22, IV.9.8]. Um den Beweis des Korollars etwas übersichtlicher zu gestalten, bemerken wir vorweg, daß die Einschränkung eines Kernoperators $T \in \mathscr{L}^r(L^p(X, \mu))$ auf einen abgeschlossenen Unterverband wieder ein Kernoperator ist (dies folgt aus [22, IV.9.6]) und daß ein Verbandsisomorphismus auf $L^p(X, \mu)$ kein Kernoperator ist, wenn das Maß diffus ist [1, 1.26]. Insbesondere ist die Identität auf $L^p(X, \mu)$ dann und nur dann ein Kernoperator, wenn der Maßraum atomar ist, das heißt $L^p(X, \mu) \cong l^p_{\tilde{X}}$ für eine geeignete Indexmenge $\tilde{X}$. Da die Kernoperatoren in $\mathscr{L}^r(L^p(X, \mu))$ ein algebraisches Ideal bilden [1, S. 37], folgt aus der letzten Bemerkung, daß jeder positive Operator auf l^p ein Kernoperator ist. Damit ist folgendes Korollar in Räumen l^p stets anwendbar.

3.11 Korollar. Ist $\{T(t)\}$ eine positive Kontraktionshalbgruppe auf $L^p(X, \mu)$ $(1 \leqslant p < \infty)$ mit einem strikt positiven Fixvektor und ist für ein $t_0 \geqslant 0$ $T(t_0)$ ein Kernoperator, so existiert $\lim_{t \to \infty} T(t)f$ für jedes $f \in L^p(X, \mu)$.

Beweis. Zunächst gilt $P\sigma(A) \cap i\mathbb{R} = \{0\}$, denn andernfalls gäbe es nach Thm. 3.2 einen zu $L^p(\Gamma)$ isomorphen Unterverband, auf dem $\{T(t)\}$ die Rotationshalbgruppe $\{R_\tau(t)\}$ induzieren würde. Aufgrund der Vorbemerkung wäre dann $R_\tau(t_0) = T(t_0)_{|L^p(\Gamma)}$ ein Kernoperator, was der Tatsache widerspricht, daß $R_\tau(t_0)$ ein Verbandsisomorphismus ist.

Wir beweisen die Behauptung zunächst unter der zusätzlichen Voraussetzung, daß $\ker A$ eindimensional ist:
Da der Operator $T(t_0)$ mittelergodisch ist [22, V.8.4], $\ker(1 - T(t_0))$ von einem quasi-inneren Punkt aufgespannt wird (1.1(b)) und $\ker(1 - T(t_0)')$ eine strikt positive Funktion enthält (3.1), ist $T(t_0)$ irreduzibel [22, III.8.5]. Die Behauptung folgt nun aus [2, 3.5] und Korollar 3.9.

Im allgemeinen Fall ist $\ker(1 - T(t_0)) = \ker A$ ein Unterverband von $L^p(X, \mu)$, also selbst isomorph zu einem Raum $L^p(Y, \nu)$ [22, II. Exc. 23]. Aufgrund der Vorbemerkungen gilt dann $\ker A \cong \{(\xi_i)_{i \in I}: \sum |\xi_i|^p < \infty\}$ für eine geeignete Indexmenge I. Das von $e_j := (\delta_{ij})_{i \in I}$ erzeugte Band in $L^p(X, \mu)$ ist $\{T(t)\}$-invariant und der Fixraum der Einschränkung von $\{T(t)\}$ auf dieses Band ist eindimensional. Damit folgt die Konvergenz von $\{T(t)\}$ auf diesen Bändern. Da deren Vereinigung in $L^p(X, \mu)$ total ist, folgt die Konvergenz auf dem ganzen Raum aus der Beschränktheit der Halbgruppe [21, III.4.5]. Q.E.D.

Literaturverzeichnis

1. Arendt, W.: Über das Spektrum regulärer Operatoren. Diss. Univ. Tübingen 1979
2. Axmann, D.: Struktur- und Ergodentheorie irreduzibler Operatoren auf Banachverbänden. Diss. Univ. Tübingen 1980
3. Angelescu, N., Protopopescu, V.: On a problem in linear transport theory. Rev. Roum. Phys. *22*, 1055–1061 (1977)
4. Bourbaki, N.: Théories Spectrales, Chap. 1 et 2. Paris: Herman 1967

5. DAVIES, E. B.: One-Parameter Semigroups. London New York: Academic Press 1980
6. DERNDINGER, R.: Über das Spektrum positiver Generatoren. Math. Z. *172*, 281 – 293 (1980)
7. DUNFORD, N., SCHWARTZ, J. T.: Linear Operators, Part I. New York: Wiley 1958
8. GREINER, G.: Zur Perron-Frobenius-Theorie stark stetiger Halbgruppen. Math. Z. *177*, 401 – 423 (1981)
9. GREINER, G., NAGEL, R.: La loi „zéro ou deux" et ses consequences pour le comportement asymptotique des operateurs positifs. J. math. pures appl. (erscheint 1982)
10. GREINER, G., VOIGT, J., WOLFF, M.: On the spectral bound of the generator of semigroups of positive operators. J. Operator Theory *5*, 245 – 256 (1981)
11. GROH, U., NEUBRANDER, F.: Stabilität startstetiger, positiver Operatorhalbgruppen auf C*-Algebren. Math. Ann. *256*, 509 – 516 (1981)
12. HALE, J.: Theory of Functional Differential Equations. New York Heidelberg Berlin: Springer 1977
13. HEJTMANEK, J.: Dynamics and spectrum of the linear multiple scattering operator in the Banach lattice $L^1(\mathbb{R}^3 \times \mathbb{R}^3)$. Transport Theory Statist. Phys. *8*, 29 – 44 (1979)
14. HILLE, E., PHILLIPS, R. S.: Functional Analysis and Semi-Groups. Providence, R.I.: Amer. Math. Soc. 1957
15. JÖRGENS, K.: An asymptotic expansion in the theory of neutron transport. Comm. Pure Appl. Math. *11*, 219 – 242 (1958)
16. KISHIMOTO, A., ROBINSON, D. W.: Subordinate semigroups and order properties. J. Austral. Math. Soc. (Ser. A) *31*, 59 – 76 (1981)
17. LARSEN, E. W.: The spectrum of the multigroup neutron transport operator for bounded spatial domains. J. Math. Phys. *20*, 1776 – 1782 (1979)
18. LIN, M.: On the „zero-two" law for conservative Markov processes. Erscheint demnächst
19. ORNSTEIN, D., SUCHESTON, L.: An operator theorem on L^1-convergence to zero with applications to Markov kernels. Ann. Math. Statist. *41*, 1631 – 1639 (1970)
20. REED, M., SIMON, B.: Methods of Modern Mathematical Physics, Vol. 3. New York: Academic Press 1979
21. SCHAEFER, H. H.: Topological Vector Spaces (4th print). Berlin Heidelberg New York: Springer 1980
22. SCHAEFER, H. H.: Banach Lattices and Positive Operators. Berlin Heidelberg New York: Springer 1974
23. SCHAEFER, H. H.: On positive contractions in L^p-spaces. Trans. Amer. Math. Soc. *257*, 261 – 268 (1980)
24. SCHAEFER, H. H.: Ordnungsstrukturen in der Operatorentheorie. Jber. Deutsch. Math-Ver. *82*, 33 – 50 (1980)
25. SCHEFFOLD, E.: Das Spektrum von Verbandsoperatoren in Banachverbänden. Math. Z. *123*, 177 – 190 (1971)
26. VIDAV, I.: Spectra of perturbed semigroups with applications to transport theory. J. Math. Anal. Appl. *30*, 264 – 279 (1970)
27. WINKLER, W.: A note on continuous parameter zero-two law. Ann. Prob. *1*, 341 – 344 (1973)

Sitzungsberichte der Heidelberger Akademie der Wissenschaften
Mathematisch-naturwissenschaftliche Klasse

Erschienene Jahrgänge

---

2. W. Doerr. Pathologie der Coronargefäße. Anthropologische Aspekte (vergriffen).
3. H. Bippes. Experimentelle Untersuchung des laminar-turbulenten Umschlags an einer parallel angeströmten konkaven Wand. Antiquarisch. Preis auf Anfrage.
4. K. Goerttler. Stimme und Sprache. Antiquarisch. Preis auf Anfrage.
5. B. L. van der Waerden. Die „Ägypter“ und die „Chaldäer“. (vergriffen).

Inhalt des Jahrgangs 1973:

1. V. Becker. Form, Gestalt und Plastizität. (vergriffen).
2. H. Neunhöffer. Über die analytische Fortsetzung von Poincaréreihen. (vergriffen).
3. F. W. Rieben. Zur Orthologie und Pathologie der Arteria vertebralis. Antiquarisch. Preis auf Anfrage.
4. W. Doerr. Über die Bedeutung der pathologischen Anatomie für die Gastroenterologie. (vergriffen).
   V. H. Bauer. Das Antonius-Feuer in Kunst und Medizin. Supplement zum Jahrgang 1973. DM 68,–.

Inhalt des Jahrgangs 1974:

1. H. Seifert. Minimalflächen von vorgegebener topologischer Gestalt. DM 12,–.
2. A. Dinghas. Zur Differentialgeometrie der klassischen Fundamentalbereiche. DM 20,80.
3. Th. Nemetschek. Biosynthese und Alterung von Kollagen. DM 19,50.
4. W. Doerr, W.-W. Höpker und J. A. Rossner. Neues und Kritisches vom und zum Herzinfarkt. (vergriffen).
   W. W. Höpker. Spätfolgen extremer Lebensverhältnisse. Supplement zum Jahrgang 1974. (vergriffen).

Inhalt des Jahrgangs 1975:

1. M. Ratzenhofer. Molekularpathologie. DM 32,–.
2. E. Kauker. Vorkommen und Verbreitung der Tollwut in Europa von 1966–1974. DM 19,–.
3. H. E. Bock. Die Bedeutung von Konstellation und Kondition für ärztliches Handeln. DM 16,–.
4. G. Schettler. Neue Ergebnisse der klinischen Fettstoffwechselforschung. (vergriffen).
   V. Becker und H. Schmidt. Die Entdeckungsgeschichte der Trichinen und der Trichinosis. Supplement zum Jahrgang 1975. DM 28,–.

Inhalt des Jahrgangs 1976:

1. W. Bersch und W. Doerr. Reitende Gefäße des Herzens. Homologiebegriff und Reihenbildung. DM 38,–.
2. H. Schipperges. Arabische Medizin im lateinischen Mittelalter. DM 68,–.
3. M. Steinhausen and G. A. Tanner. Microcirculation and Tubular Urine Flow in the Mammalian Kidney Cortex (in vivo Microscopy). (vergriffen).
4. C. J. Hackett. Diagnostic Criteria of Syphilis, Yaws and Treponarid (Treponematoses) and of Some Other Diseases in Dry Bones (for Use in Osteo-Archaeology). (vergriffen).
5. W. Doerr, J. A. Roßner, R. Dittgen, P. Rieger, H. Derks und G. Berg. Cardiomyopathie, idiopathische und erworbene, Formen und Ursachen. DM 50,–.
   H. Hamperl. Robert Rössle in seinem letzten Lebensjahrzehnt (1946–1956). Supplement 1. DM 32,–.
   W.-W. Höpker. Obduktionsgut des Pathologischen Institutes der Universität Heidelberg 1841–1972. Supplement 2. DM 58,–.

Inhalt des Jahrgangs 1977:

1. H. Schaefer. Kind – Familie – Gesellschaft. DM 28,80.
2. F. Gross. Homo Pharmaceuticus. (vergriffen).
3. G. Döhnert. Über lymphoepitheliale Geschwülste. (vergriffen).
4. W. Doerr und J. A. Roßner. Toxische Arzneiwirkungen am Herzmuskel. (vergriffen).

MIX
Papier aus verantwortungsvollen Quellen
Paper from responsible sources
FSC® C105338

If you have any concerns about our products,
you can contact us on
ProductSafety@springernature.com

In case Publisher is established outside the EU,
the EU authorized representative is:
Springer Nature Customer Service Center GmbH
Europaplatz 3, 69115 Heidelberg, Germany

Printed by Libri Plureos GmbH
in Hamburg, Germany